U0192640

创意家装设计灵感集
典雅 卷

创意家装设计灵感集编写组 编

机械工业出版社
CHINA MACHINE PRESS

本套丛书甄选了2000余幅国内新锐设计师的优秀作品，对家庭装修设计中的材料、软装及色彩等元素进行全方位的专业解析，以精彩的搭配与设计激发读者的创作灵感。本套丛书共包括典雅卷、时尚卷、奢华卷、个性卷、清新卷5个分册，每个分册均包含了电视墙、客厅、餐厅、卧室4个家庭装修中最重要的部分。各部分占用的篇幅约为：电视墙30%、客厅40%、餐厅15%、卧室15%。本书内容丰富、案例精美，深入浅出地将理论知识与实践完美结合，为室内设计师及广大读者提供有效参考。

图书在版编目（CIP）数据

创意家装设计灵感集. 典雅卷 / 创意家装设计灵感集编写组编. — 北京：机械工业出版社, 2020.5
ISBN 978-7-111-65296-0

Ⅰ. ①创… Ⅱ. ①创… Ⅲ. ①住宅－室内装饰设计－图集 Ⅳ. ①TU241-64

中国版本图书馆CIP数据核字(2020)第059244号

机械工业出版社（北京市百万庄大街22号　邮政编码100037）
策划编辑：宋晓磊　　　　　责任编辑：宋晓磊
责任校对：王　延　张　薇　责任印制：孙　炜
北京联兴盛业印刷股份有限公司印刷

2020年5月第1版第1次印刷
169mm×239mm·8印张·2插页·154千字
标准书号：ISBN 978-7-111-65296-0
定价：39.00元

电话服务　　　　　　　　　　网络服务
客服电话：010-88361066　　机　工　官　网：www.cmpbook.com
　　　　　010-88379833　　机　工　官　博：weibo.com/cmp1952
　　　　　010-68326294　　金　书　网：www.golden-book.com
封底无防伪标均为盗版　机工教育服务网：www.cmpedu.com

前　言

　　在家庭装修中,设计、选材、施工是不容忽视的重要环节,它们直接影响到家庭装修的品位、造价和质量。因此,除了选择合适的装修风格之外,应对设计、选材、施工具有一定的掌握能力,才能保证家庭装修的顺利完成。此外,在家居装修设计中,不同的色彩会产生不同的视觉感受,不同的风格有不同的配色手法,不同的材质也有不同的搭配技巧,打造一个让人感到舒适、放松的家居空间,是家庭装修的最终目标。

　　本套丛书通过对大量案例灵感的解析,深度诠释了对家居风格、色彩、材料及软装的搭配与设计,从而营造出一个或清新自然、或奢华大气、或典雅秀丽、或个性时尚的家居空间格调。本套丛书共包括5个分册,以典雅、时尚、奢华、个性、清新5种当下流行的装修格调为基础,甄选出大量新锐设计师的优秀作品,通过直观的方式以及更便利的使用习惯进行分类,以求让读者更有效地了解装修常识,从而激发灵感,打造出一个让人感到放松、舒适的居室空间。每个分册均包含家庭装修中最重要的电视墙、客厅、餐厅和卧室4个部分的设计图例。各部分占用的篇幅分别约为:电视墙30%、客厅40%、餐厅15%、卧室15%。针对特色材料的特点、选购及施工注意事项、搭配运用等进行了详细讲解。

　　我们将基础理论知识与实践操作完美结合,打造出一个内容丰富、案例精美的灵感借鉴参考集,力求为读者提供真实有效的参考依据。

目 录

典雅型电视墙装饰材料

典雅型的电视墙，在装饰材料的选择上，多以木材、壁纸、墙漆等与石材进行组合，这样能弱化石材带来的冷硬感，还能彰显空间典雅的韵味。

① 有色乳胶漆

② 红樱桃木饰面板

③ 米白色洞石

④ 砂岩浮雕

⑤ 浅咖啡色网纹大理石

图1

成品实木组合柜子装饰电视墙，美观实用。

图2

花鸟主题墙画搭配红樱桃木饰面板，让整个空间显得更有韵味。

图3

立体感十足的祥云图案让客厅尽显古朴、典雅的气度。

图4

利用网纹大理石多变的纹理来表现电视的设计感，简洁又大气。

装饰材料

陶瓷锦砖

　　陶瓷锦砖属于瓷砖的一种，它因小巧玲珑、色彩斑斓的特点被广泛应用于墙面和地面的装饰。

👍 优点

　　陶瓷锦砖单颗的面积较小，色彩种类繁多，具有无穷的组合方式，因而它能将设计师设计的灵感和造型表现得淋漓尽致，展现出独特的艺术魅力和个性气质。例如，可以使用撞色的设计，产生色彩冲突的效果，也可以做成拼图，产生渐变效果。

❗ 注意

　　在挑选陶瓷锦砖时，可以用两手捏住锦砖联一边的两角，使其直立，然后放平，反复三次，以不掉砖为合格品；也可以取锦砖联，先卷曲，然后伸平，反复三次，以不掉砖为合格品。另外还可以从声音上进行鉴别，用一根铁棒敲击产品，如果声音清脆，则没有缺陷；如果声音浑浊、暗哑，则是不合格产品。

★ 推荐搭配

　　陶瓷锦砖+壁纸+木饰面板

　　陶瓷锦砖+石材+镜面

图1

电视墙选用陶瓷锦砖、镜面、洞石三种材质进行搭配，设计层次十分丰富。

① 陶瓷锦砖

② 米白色洞石

③ 装饰茶镜

④ 装饰硬包

⑤ 云纹大理石

欧式布艺窗帘
布艺窗帘的厚重感, 塑造出客厅的
雅致与美感。
参考价格: 1500~2000元

图1

电视墙的棕色人造大理石在白色墙
面和深色家具中起到了过渡作用,
让客厅的整体感觉更加和谐。

图2

软装与硬装都采用对称式设计, 体
现了中式风格追求平衡美的境界。

图3

仿古图案的壁纸搭配红木线条, 让
电视墙更显雅致。

图4

木质窗棂造型奠定了客厅的基础风
格, 镜面、大理石的组合运用, 让设计
层次及造型更加丰富。

① 人造大理石
② 艺术地毯
③ 黑白根大理石
④ 米白色网纹大理石
⑤ 仿古壁纸
⑥ 装饰灰镜
⑦ 木质窗棂造型

① 胡桃木装饰线
② 米黄色亚光墙砖
③ 中花白大理石
④ 黑金花大理石
⑤ 装饰壁布
⑥ 白枫木窗棂造型贴银镜

图1

电视墙的设计仅采用壁纸、墙漆和木线条来做装饰，使整个墙面的设计简洁而雅致。

图2

菱形铺贴的墙砖纹理清晰，搭配白色护墙板与硬包，设计层次更加分明。

图3

两种大理石装饰的电视墙，色彩层次分明，纹理清晰自然，体现了传统中式风格低调的美感。

图4

壁布的选色十分漂亮，让电视墙的设计层次更加丰富，色彩明快，所呈现的视觉效果更加饱满。

贵妃榻
米色布艺饰面的贵妃榻，造型简洁，为客厅打造了一个舒适、安逸的角落。
参考价格：800~1500元

1 仿古壁纸

2 雪弗板雕花

3 车边茶镜

4 实木雕花

5 白枫木装饰线

6 布纹墙砖

大型阔叶植物
大型阔叶植物的运用，为色彩沉
稳的客厅增添了无限生气。
参考价格：根据季节议价

图1

电视墙面的设计比较简单，红砖粗糙的饰面极富质感，与白色墙漆搭配，色彩对比明快。

图2

深咖啡色网纹大理石极富装饰效果，温润的色泽，清晰的纹理，与实木家具搭配，展现出美式风格的典雅与品位。

图3

素色墙漆搭配白色装饰线，简单的搭配，呈现出典雅、温馨的氛围。

图4

仿古墙砖为客厅增添了质朴的美感，菱形的拼贴方式，在细节上丰富了墙面的层次感。

① 红砖
② 深咖啡色网纹大理石
③ 白枫木装饰线
④ 有色乳胶漆
⑤ 仿古墙砖
⑥ 艺术地毯

实木电视柜
实木电视柜做工精良，展现了美式风格的古朴韵味。
参考价格: 1000~3000元

装饰材料

有色乳胶漆

有色乳胶漆改变了传统四白落地的单调，彩色墙面让家居氛围更具多变性。

👍 **优点**

乳胶漆具有涂层透气性好，涂膜颜色可任意选择，无污染、无毒、无火灾隐患，易于涂刷，干燥迅速等特点。乳胶漆的漆膜耐水，耐擦洗性好，色彩柔和。水性乳胶漆，即水溶性内墙乳胶漆，以水作为分散介质，没有有机溶剂性毒气体带来的环境污染问题。透气性好，避免了因涂膜内外温度压力差导致的涂膜起泡等弊病，适合未干透的新墙面涂装。

❗ **注意**

在进行墙面粉刷时，应根据不同房间的功能来选择相应功能特点的乳胶漆。例如，卫浴间或其他潮湿的空间，最好选择耐霉菌性较好的乳胶漆，而厨房则应选择耐污渍及耐擦洗性较好的乳胶漆。选择具有一定弹性的乳胶漆，对弥盖裂纹、保持墙面的装饰效果有利。

⭐ **推荐搭配**

有色乳胶漆+木饰面板

有色乳胶漆+木质装饰线/石膏装饰线

图1

乳胶漆的颜色成为整个电视墙面设计的亮点，缓解了白色与木色的单调感。

① 有色乳胶漆

② 木质搁板

③ 石膏装饰线

④ 米色大理石

① 胡桃木饰面板

② 云纹大理石

③ 黑白根大理石波打线

④ 泰柚木饰面板

⑤ 白色乳胶漆

单人沙发椅
实木与布艺结合的单人沙发椅，
营造出一种安逸与舒适的氛围。
参考价格: 800~1500元

图1

电视墙采用木饰面板作为主要装饰材料，装饰效果极佳，呈现了新古典主义风格厚重的美感。

图2

灰白色云纹大理石的纹理清晰，色泽明快，与木质格栅的组合运用，让墙面的设计更耐看。

图3

白色墙漆搭配棕色护墙板，造型简单，通过色彩的对比让装饰效果显得十分饱满。

[实用贴士]

如何用木质材料装饰电视墙

将木质材料拼装制作成各种花纹图案是为了增强材料的装饰性。在生产或加工材料时，可以利用不同的工艺将木质材料的表面做成各种不同的表面组织，或粗糙或细致，或光滑或凹凸，或坚硬或疏松等；可以根据木质材料表面的各种花纹图案来进行装饰；也可以将材料拼镶成各种艺术造型，如拼花墙饰；还可以将杉木条板或松木条板贴在电视墙造型上，在其表面再涂刷一层木器清漆，进行整体装饰，也会达到美观的效果。

① 红樱桃木饰面板

② 云纹大理石

③ 黑金花大理石波打线

④ 米黄色洞石

⑤ 有色乳胶漆

⑥ 浮雕壁纸

⑦ 皮革软包

方形茶几
大理石与实木组合而成的方形
茶几, 厚重又有质感。
参考价格: 3000~5000元

装饰材料

车边银镜

车边工艺是指在玻璃或镜子的四周按照一定的宽度，车削一定坡度的斜边，使玻璃或镜面看起来有立体感，或者说有套框的感觉。

👍 优点

车边银镜的装饰效果多变，美轮美奂，为居室装修增添了通透的美感。家居空间内使用经过巧妙设计的车边银镜，有助于扩展空间感，让空间的视线得到最大程度的延伸，同时与不同颜色的材料搭配，不仅能够突出质感，而且能增强空间搭配的平衡感。

❗ 注意

镜面的安装应平整、洁净，接缝顺直、严密，不应有翘曲、松动、裂隙、掉角等问题。同时应注意，在同一空间内，应避免大面积使用，因为大面积的镜片容易产生强烈的反射效果，使人感到混乱。

★ 推荐搭配

车边银镜+米黄网纹大理石

车边银镜+木质装饰线+亚光墙砖

图1

大理石的选色让整个电视墙呈现出温馨之感，车边银镜的运用让空间的装饰效果更具多变性，使整个墙面看起来更有时尚感。

① 车边银镜

② 米黄色网纹大理石

③ 装饰壁布

④ 黑胡桃木装饰线

⑤ 云纹大理石

① 浅咖啡色网纹大理石

② 木纹大理石

③ 木质装饰线密排

④ 印花壁纸

⑤ 胡桃木饰面板

图1

电视墙的选材较单一，这里通过材料铺装手法的变化体现了设计感。

图2

电视墙的色调搭配很协调，木纹大理石与木线条的组合也使设计层次更加丰富。

图3

充分利用整个墙面，素色印花壁纸让整个空间显得清新、典雅。

图4

木饰面板的造型十分规整，与素色壁纸搭配，深浅对比，看起来十分协调。

台灯
米色羊皮纸台灯色调柔和，营造出一个温馨舒适的角落。
参考价格：300~500元

落地灯
落地灯的灯杆造型别致，极富装饰感。
参考价格：1000~1500元

① 黑胡桃木装饰线
② 印花壁纸
③ 彩色釉面砖
④ 有色乳胶漆
⑤ 白枫木装饰线
⑥ 实木复合地板

图1

浅色小碎花壁纸搭配黑色木线条，别有一番美式乡村风情。

图2

拱门造型设计的电视墙选用彩色釉面砖进行装饰，色彩缤纷，装饰效果极佳。

图3

素色乳胶漆搭配白色装饰线，简洁大气。实木电视柜的运用是整个空间的点睛之笔，细节处流露着美感，展现出美式风格特有的优雅格调。

[实用贴士] **如何表现电视墙的质感**

　　电视墙的质感是指装饰材料的表面组织结构、花纹图案、颜色、光泽度、透明度等给人的一种综合感觉。装饰材料的软硬、粗细、凹凸、轻重、疏密、冷暖等可以给电视墙带来不同的质感。相同的材料可以产生不同的质感，如光面大理石与烧毛面大理石、镜面不锈钢板与拉丝不锈钢板等。一般而言，电视墙粗糙不平的表面能给人以粗犷豪迈感，而光滑、细致的平面则给人以细腻、精致之美感。

① 水曲柳饰面板

② 木质窗棂造型贴茶镜

③ 印花壁纸

④ 白枫木装饰线

⑤ 米白色洞石

⑥ 艺术地毯

图1

利用灯光的直射来突出木饰面板的纹理,简约又不失创意。

图2

木质窗棂、镜面、壁纸三种材质的运用突出了电视墙设计的层次感。

图3

印有卷草纹图案的深色壁布是整个电视墙的设计焦点,与白色木质线搭配,让色彩与设计更有层次。

图4

利用米白色洞石装饰整面电视墙,尽显简洁、大气。

中式座椅
中式风格的实木座椅,与其他木质家具搭配,让客厅的家具更有整体感。
参考价格: 1800~2500元

① 木纹大理石
② 装饰银镜
③ 啡金花大理石
④ 木质窗棂造型贴银镜
⑤ 青砖
⑥ 胡桃木装饰线
⑦ 印花壁纸

图1

米色木纹大理石与装饰镜面的组合，充满质感，体现了墙面设计的层次与变化。

图2

以棕色调为主的空间内，先用软包与大理石进行搭配，有效地增加了墙面的层次感。

图3

青砖搭配白色填缝剂，层次分明；木质窗棂的运用，让墙面设计更加丰富，表现出很好的装饰效果。

图4

大花壁纸作为墙面装饰，让人眼前一亮，配以深色木线条的简单勾勒，展现出美式风格优美、典雅的格调。

布艺沙发
布艺沙发为客厅提供一份舒适与安逸。
参考价格: 1200~2000元

图1

利用大理石装饰电视墙是提升空间颜值的好办法，三种大理石的合理搭配，让电视墙的设计层次更加丰富。

图2

印花壁纸淡雅素净，使整个电视墙更显雅致。

图3

电视墙两侧的装饰立柱装饰感极强，与深色大理石搭配，增添了客厅的复古感。

① 中花白大理石
② 黑金花大理石
③ 木纹大理石
④ 印花壁纸
⑤ 木质花格
⑥ 云纹大理石
⑦ 石膏饰面装饰立柱

实木方几
实木方几进行刷白处理，典雅质朴，极具观赏性。
参考价格: 1500~2500元

[**实用贴士**]

采用洞石装饰电视墙应注意哪些问题

洞石石材的吸引人之处，除了颜色和孔洞特征外，其纹理特征更显其独特的装饰效果。在施工时，对整面墙根据洞石纹路进行拼排，如果其整体颜色、花纹过渡自然，则会有一种活动画的艺术装饰效果，这也是洞石独特、迷人之处。因此，在洞石施工中保证装饰效果最基本的一点就是整面拼排。若面积过大，则应采用分段拼排，但必须保证各段之间有很好的花纹颜色衔接。一个装饰面如果纹理混乱或颜色差异明显，洞石石材的装饰效果就会大打折扣。

① 云纹大理石
② 胡桃木装饰横梁
③ 红砖
④ 装饰茶镜
⑤ 印花壁纸
⑥ 米白色网纹大理石

图1

大理石的颜色清丽秀美，是整个电视墙装饰的亮点，也为浅色背景空间增添了亮丽的色彩层次。

图2

斑驳的红砖极富质感，表现出传统美式风格淳朴、自然的韵味。

图3

金箔饰面的印花壁纸，为整个空间增添了一份奢华气息。白色护墙板与装饰镜面的运用，使整个墙面的设计更富有层次感。

图4

电视墙的设计十分对称，表现出的视觉效果十分舒适，选材考究，极富质感。

弯腿实木茶几
实木茶几的设计线条优美，精雕细琢中表现出传统美式家具的品质与格调。
参考价格：1800~2500元

图1

电视墙面采用硅藻泥作为装饰体现了环保的设计理念。

图2

木质窗棂的刷白处理与石膏板、大理石的色调相同，体现了色彩搭配的协调感。

图3

印花壁纸的选色很舒适，提升了整体空间的舒适感。

图4

中花白大理石装饰的电视墙莹润通透，呈现出现代中式的简洁美。

1 彩色硅藻泥

2 白色乳胶漆

3 米白色网纹大理石

4 白枫木窗棂造型

5 红樱桃木装饰线

6 印花壁纸

7 中花白大理石

装饰花艺
色彩艳丽的花卉，装点传统中式风格的雅致与浪漫。
参考价格: 根据季节议价

装饰材料

亚光墙砖

亚光墙砖采用进口耐磨釉制作，耐磨、耐用；烧成温度要比亮面砖高，因此具有不吸污、易清洁的特性。

👍 优点

相对高亮瓷砖，亚光墙砖最大的优点是它的光反射系数比较低，不会造成光污染。此外，亚光砖的颜色自然，造型、搭配丰富，能营造一种温暖、舒适、自由、轻松的氛围。

❗ 注意

亚光墙砖的吸水率低，选购亚光墙砖最简单的方法就是掂一下砖的轻重，同样尺寸的砖，重的要比轻的好。好砖的手感也比较好，砖面细腻、光滑，而不好的砖，表面粗糙，完全可以用手感觉得到。

★ 推荐搭配

亚光墙砖+木质饰面板+壁纸

亚光墙砖+镜面+木质饰面板

图1

菱形倒角式铺贴的亚光墙砖，纹理清晰，很有质感，与白色护墙板、壁纸巧妙搭配，营造出典雅、舒适的空间氛围。

① 亚光墙砖

② 印花壁纸

③ 手绘墙画

④ 木质搁板

⑤ 装饰银镜

铜质吊灯
六头的铜质吊灯,灯体造型优
美,流露出雅致的韵味。
参考价格: 1000~1800元

① 胡桃木饰面板
② 装饰硬包
③ 云纹大理石
④ 肌理壁纸
⑤ 中花白大理石
⑥ 木质回字纹装饰线

图1
硬包与木饰面板的色调搭配得十分
和谐,给人更加温暖的触感。

图2
硬包、木饰面板、大理石让电视墙
的设计极富层次感。

图3
电视墙的设计造型及选材都十分
简洁,搭配考究的木质家具,让客
厅别有韵味。

图4
回字纹装饰线的装饰感极强,大大
提升了整个空间的设计感。

单人沙发
条纹布艺单人沙发，为客厅空间带来朴素、雅致的视感。
参考价格：500~800元

① 有色乳胶漆
② 肌理壁纸
③ 陶瓷锦砖
④ 木纹大理石
⑤ 木质格栅
⑥ 装饰硬包

图1

以米色为背景色的空间内，深色实木家具的运用，让整个空间的色彩基调更加和谐，简单利落，又不失格调。

图2

选用整体家具作为电视墙的装饰，造型简约时尚，既实现了多功能收纳，又满足了美化需求。

图3

陶瓷锦砖、木纹大理石与深色木线条的搭配，设计线条简洁，装饰效果简单优雅。

图4

硬包的造型十分简单，呈现出经典的简约中式风格，空间以棕色调为主，搭配精致的软装饰品，从细节中体现出中式文化的内涵与底蕴。

柱腿式茶几
具有美式风格的柱腿式茶几,给
人带来一种稳重坚实的感觉。
参考价格: 1000~2500元

图1

直纹斑马木的纹理清晰、通直,使
电视墙的设计简洁、大气。

图2

文化砖为电视墙带来返璞归真的朴
实感。

图3

电视墙的大理石选色恰到好处,完
美地体现出古典风格的韵味。

图4

装饰镜面嵌入木饰面板中,增加了
空间的通透感,弥补了色调沉闷的
不足。

① 直纹斑马木饰面板
② 石膏装饰线
③ 文化砖
④ 米色大理石
⑤ 红樱桃木饰面板
⑥ 装饰银镜
⑦ 印花壁纸

瓷器
彩色瓷器能体现中式的文化底
蕴,是整个客厅中的色彩亮点。
参考价格: 200~500元

图1

手绘墙画装点出客厅独特的艺术气
息,搭配白色木质线条,使整个空
间的氛围更有意境。

图2

电视墙采用木格栅作为装饰,保证
了空间的通透性,素雅的色彩搭
配,利落的线条感,使室内的每一
处都散发出禅意的美感。

图3

洞石与砂岩装饰的电视墙,不需要
做任何复杂的造型。极简的造型,质
感突出,表现出质朴典雅的格调。

图4

小清新的印花壁纸与白色墙漆搭
配,使整个空间都散发着淡雅自然
的气息。

① 白枫木井字格造型

② 中花白大理石

③ 木质格栅

④ 米白色洞石

⑤ 砂岩

⑥ 印花壁纸

① 文化砖
② 装饰银镜
③ 实木雕花
④ 肌理壁纸
⑤ 木质格栅

图1

墙面的设计造型十分别致，文化砖和镜面的搭配也更显创意。

图2

利用隔断通透的特点，不仅可以缓解压迫感，还能改善其他区域的采光。

图3

木质格栅与银镜的搭配，使电视墙的层次更加丰富，也可以缓解中式风格的沉闷。

板式电视柜
电视柜的颜色及造型，让客厅更有层次感。
参考价格：500~1200元

[实用贴士] ## 设计电视墙隔断应该注意哪些问题

　　家居装修设计中，除了用活动隔断或者隔断屏风做分隔空间的装饰外，电视墙作为空间隔断的作用也是不可忽视的。客厅电视墙融入隔断，变成活动隔断墙是现代装修中的点睛之笔。设计完成后的墙面尽量简单化，避免给人杂乱无章的感觉。当电视墙变身成背景隔断墙后，在兼顾内部隔声作用的同时还可以做储物空间。在电视墙上可以运用各种装饰材料做一些造型，以突出整个客厅的装饰风格，饰面各异的墙体和装饰物，鲜艳的颜色效果，打造强烈的视觉冲击，也可以挂幅画或者摆放些饰物，令电视柜变相加高，起到装饰美化客厅的效果。

装饰材料

红砖

红砖一般由红土制成，依据各地土质的不同，砖的颜色也不完全一样。

👍 优点

红土制成的砖及煤渣制成的砖比较坚固，既有一定的强度和耐久性，又因其多孔而具有一定的保温隔热、隔声等优点。居室内用红砖来装饰墙面，既典雅古朴，又能展现出个性的装饰风格。

❗ 注意

红砖具有非常强的装饰效果，可以使整体的居室风格呈现古朴、典雅的气息。如果采用红砖作为电视墙的装饰，最好选择尺寸为210mm×58mm×53mm、250mm×126mm×63mm、210mm×58mm×53mm、240mm×115mm×90mm的红砖。另外在选择红砖的颜色上，无论是艳丽的红色，还是暗淡的色彩，都应参考与其搭配的材质的颜色，以避免配色的不和谐。

★ 推荐搭配

红砖+有色乳胶漆

红砖+木质饰面板

图1

红砖的运用衬托出美式田园风格淳朴的气质，搁板与手绘墙画的搭配则让整个空间更加清新、典雅。

① 有色乳胶漆
② 红砖
③ 啡金花大理石
④ 木纹大理石
⑤ 肌理壁纸

图1

大面积的木质窗棂造型隔断为空间增添了一份轻盈的美感。

图2

凹凸造型的大理石，让电视墙的设计更有层次感。

图3

菱形拓缝造型的石膏板是电视墙的设计亮点，搭配简单的线条更显雅致。

图4

电视墙的设计亮点在于镜面与大理石的搭配，造型简约别致。

水晶吊灯
欧式水晶吊灯营造出一个梦幻、浪漫的待客空间。
参考价格：800~2000元

1 木质窗棂造型

2 印花壁纸

3 中花白大理石

4 红樱桃木装饰线

5 石膏板拓缝

6 车边茶镜

7 米黄色大理石

① 白色乳胶漆

② 木质窗棂造型贴银镜

③ 云纹大理石

④ 印花壁纸

⑤ 米黄色网纹亚光玻化砖

⑥ 双色亚光墙砖拼贴

图1

墙面的设计十分简洁，白色、灰色、黑色的搭配，使电视墙的设计简洁并富有层次。

图2

素色大理石的质感突出，与实木家具搭配，提升了整个居家品质。

图3

米黄色印花壁纸与白色墙漆相搭配，别有一番美式风格典雅舒适的韵味。

图4

双色墙砖的菱形倒角式拼贴，丰富了电视墙的设计造型，简洁的白色石膏线条让电视墙看起来简洁有序，自然美观。

铜质吊灯
铜质吊灯的线条优美，整体造型古雅别致。
参考价格：1000~1200元

① 皮革软包
② 米黄色网纹大理石
③ 红樱桃木装饰线
④ 泰柚木饰面板
⑤ 有色乳胶漆
⑥ 胡桃木饰面板

弯腿实木茶几
茶几的弯腿造型，线条优美，做
工精湛，为空间增添了一份淳朴
厚重的美感。
参考价格: 1500~2000元

图1
富有质感的皮革软包和大理石选色
合理，充分体味出传统欧式的深远
意境。

图2
整个空间偏重木色，使整个空间形
成素朴的自然风格。

图3
素色调的乳胶漆墙面搭配白色装饰
线，极具纯净之美。

图4
彩色墙漆搭配深色木饰面板，色彩
上形成对比的同时，十分富有视觉
凝聚力。

① 条纹壁纸
② 胡桃木饰面板
③ 白色乳胶漆
④ 手绘墙画
⑤ 混纺地毯
⑥ 胡桃木装饰线
⑦ 米色网纹大理石

图1

条纹壁纸的选色纯粹朴素，搭配白色石膏线，更显优美雅致。

图2

木饰面板与白色墙漆的颜色形成对比，呈现的视觉效果简约明快。

图3

以花鸟为主题的墙画为整个空间增添了自然韵味，墙面不需要多余的装饰，便能体现出传统文化的意境。

图4

由木线条、大理石、壁纸、石膏板多种材质装饰的电视墙，选材搭配十分有质感，展现出传统中式风格居室的精致品位。

水晶吊灯
方形水晶吊灯营造出一个温馨舒适的客厅氛围。
参考价格：1000~1400元

装饰材料

肌理壁纸

　　肌理壁纸是PVC壁纸的一种，属于低发泡型壁纸，有吸声、隔热、防霉、防菌的功能。由于壁纸的表面涂有一层PVC膜，防水性能比普通壁纸更好，耐擦洗，易于清洁。

👍 优点

　　肌理壁纸经过发泡处理，使其立体感更强，纹理逼真，具有良好的质感，不同的肌理图案，因反射光的空间分布不同，会产生不同的光泽度和物体表面感知性，因此会给人带来不同的心理感受。例如，细腻光亮的质面，反射光的能力强，会给人轻快、活泼、欢乐的感觉；平滑无光的质面，由于光反射量少，会给人含蓄、安静、质朴的感觉；粗糙有光的质面，由于反射光点多，会给人宾纷、闪耀的感觉；而粗糙无光的质面，则会使人感到生动、稳重和悠远。

❗ 注意

　　PVC型壁纸表层的胶面能有效隔绝水汽，使飞层纸基保持干爽。因此，PVC型壁纸可以使用于客厅、书房等空间，尤其是靠近卫生间与厨房的墙面，由于PVC型壁纸原材料包含高分子化合物，建议避免在卧室使用，特别是老人房与儿童房。

◢ 推荐搭配

　　木质装饰线+肌理壁纸

图1

　　电视墙的设计造型十分简单，原木装饰线搭配肌理壁纸，朴素而美好。

① 肌理壁纸
② 泰柚木饰面板
③ 密度板混油

① 皮纹砖
② 绯红网纹大理石
③ 有色乳胶漆
④ 木纹玻化砖
⑤ 混纺地毯

图1

皮纹砖与大理石选择同一色调，
效利用材料自身的纹理特点来体
层次感。

图2

精致的摆件和家具彰显出简约的
感，别致的墙饰、充满质感的灯饰
用简约美来表现现代美式风格从
的生活态度。

八角形吊灯
吊灯的造型与茶几相呼应，增强
了空间搭配的整体感。
参考价格：800~1500元

图1

墙面的设计错落有致，软包、银镜
装饰线、木线条搭配在一起，视觉
效果十分丰富。

图2

爵士白大理石为设计风格古朴的客
厅增添了亮丽的视觉感。

图3

手绘墙画与木饰面板相搭配，让电
视墙的设计更显意境。

图4

大理石设计成凹凸造型，搭配别致
的壁灯，华丽又不失雅致。

① 布艺软包
② 爵士白大理石
③ 木质窗棂造型
④ 胡桃木饰面板
⑤ 手绘墙画
⑥ 米白色抛光墙砖

多头吊灯
吊灯的多头设计,体现了美式风格灯饰的精致品位。
参考价格: 1000~1600元

图1

以棕色为主调的客厅中,少量金色的运用,升华了整个空间的基调,赋予空间奢华的美感。

图2

电视墙采用温馨的米黄色大理石作为装饰,搭配深色实木电视柜,温馨又典雅。

图3

米黄色洞石与米黄色印花壁纸利用白色装饰线进行分割,增强了墙面设计的层次感。

图4

电视墙的设计造型简洁,墙面采用咖啡色软包、大理石作为装饰,造型简单却很有层次感。

① 印花壁纸
② 胡桃木装饰线
③ 米黄色云纹大理石
④ 茶镜装饰线
⑤ 米黄色洞石
⑥ 浅咖啡色网纹大理石
⑦ 布艺软包

① 黑胡桃木饰面板
② 印花壁纸
③ 木质搁板
④ 有色乳胶漆
⑤ 米色玻化砖
⑥ 金属砖
⑦ 红樱桃木装饰线

如何运用整体家具打造电视墙

　　选择整体家具打造电视墙的具体做法是，利用购买来的家具或业主根据自己的想法而设计制作的家具，直接用作电视墙，而电视背后的墙面则需要根据家具做相应的搭配设计。现在年轻的消费者对传统中式实木家具的兴趣越来越浓厚，可选择新中式实木家具、传统中式家具，与空间的中式风格相协调，打造雅致的中式风格电视墙。

木质搁板
电视墙的搁板造型，让空间的收纳更加合理。
参考价格：200~1000元

木纹大理石

木纹大理石的表面花纹看起来像木板，自然逼真、美观大方。

👍 优点

木纹大理石有黑色木纹，还有米黄色等其他颜色，纹路均匀，材质富有光泽，石质颗粒细腻均匀，色彩大气，质感柔和，美观庄重，格调高雅，是装饰豪华建筑的理想材料，也是艺术雕刻的传统材料。

❗ 注意

木纹大理石的吸水率较高、易污染，施工前必须补刷防护剂，做到补刷足量、均匀，并养护24小时以上，避免施工时云石胶、填缝剂中的胶油、色素等被木纹大理石吸收，在缝隙处留下痕迹。

★ 推荐搭配

木纹大理石+镜面

木纹大理石+装饰硬包+不锈钢条

图1

灰白色木纹大理石装饰的电视墙面十分具有层次感，布艺软包的运用则柔化了整个墙面的触感，精美的壁灯、实木电视柜等软装元素无论是材质还是色彩，都能营造出优雅的氛围。

① 木纹大理石

② 布艺软包

③ 车边茶镜

④ 印花壁纸

⑤ 有色乳胶漆

典雅型客厅装饰材料

　　典雅、大气的居室设计能够体现出主人别具一格的品位。典雅型的客厅选材多以温润淳朴的大理石、木材等天然装饰材料为主，其中也不乏玻璃、壁纸、墙漆、布艺等人工材质的衬托。充分利用天然材质与人工材质的搭配，可突出典雅、大气的空间氛围。

Part ②

典·雅·卷

客 厅

① 米黄色大理石
② 人造大理石
③ 印花壁纸
④ 艺术地毯

图1

客厅的简洁与大气主要源于电视墙与沙发墙的大理石，使得空间具有现代风格的典雅美。

图2

卷边布艺沙发和实木家具的色彩与浅色调的客厅背景色搭配得十分协调，营造出一个舒适、典雅的空间氛围。

实木雕花边几
边几的雕花描银处理，增添了客厅空间的美感。
参考价格：800~1500元

① 印花壁纸

② 木纹亚光玻化砖

③ 木纹大理石

④ 艺术地毯

⑤ 有色乳胶漆

⑥ 实木地板

图1

客厅以棕色和米色为基调,彰显出低调的奢华感,米色布艺沙发与墙面相呼应,细节处尽显美式风格的舒适与自然。

图2

电视墙面采用定制成品柜作为装饰,色调沉稳,功能性强。

图3

木纹大理石的色泽清透,纹理丰富,极富装饰感,深色实木家具与浅色布艺沙发搭配在一起,使整个空间尽显温馨。

图4

客厅呈现经典的古典美式风格,空间以暖色调为主,绿色电视墙清新优雅,棕色实木家具提升了空间质感。

玻璃吊灯
造型别致的玻璃吊灯营造出温馨舒适的客厅氛围。
参考价格: 120~300元

① 泰柚木饰面板

② 米黄色洞石

③ 羊毛地毯

④ 有色乳胶漆

⑤ 欧式花边地毯

⑥ 艺术墙贴

⑦ 木纹玻化砖

图1

电视墙的木饰面板与皮质沙发的色调保持一致，增强了空间搭配的整体感。

图2

客厅的稳重感主要源于深色家具，使得空间的重心更加沉稳。

图3

软装上的细节提升了整体空间的品位，为客厅增加了更多的装饰元素。

圆形水晶吊灯
圆形水晶吊灯整体造型简洁，展现出温馨柔和的居室氛围。
参考价格：1200~2000元

[**实用贴士**]

客厅照明如何设计更利于健康

　　客厅是居室中面积最大的休闲、活动空间，要求明亮、舒适、温暖。一般客厅会运用主照明和辅助照明的灯光交互搭配，来营造空间氛围。主照明常用吊灯或吸顶灯，使用时需注意上下空间的亮度要均匀，否则会使客厅显得阴暗，使人不舒服。另外，也可以在客厅周围增加隐藏的光源，如吊顶的隐藏式灯槽，让客厅空间显得更为高挑。

　　客厅的灯光多以黄光为主，光源色温最好在 2800 ~ 3000K。可考虑将白光与黄光互相搭配，借由光影的层次变化来调配出不同的氛围，营造出特别的风格。

① 胡桃木装饰线
② 艺术地毯
③ 肌理壁纸
④ 强化复合木地板
⑤ 成品铁艺隔断
⑥ 有色乳胶漆

图1

采用定制墙砖作为电视墙装饰，搭配棕色实木家具，表现出传统中式风格的韵味。

图2

以灰、白、黑为配色基调的客厅中，淡淡的粉色融入其中，简约时尚又富有一丝浪漫气息。

图3

沙发墙的蓝色墙漆是整个客厅设计的亮点，为以米色、棕色为基调的客厅增添了跳跃感。

图4

棕黄色的木地板搭配深色布艺沙发，为以浅色调为背景色的空间增添了一份稳重的美感。

装饰画
装饰画的色彩艳丽，为客厅增添了一份活力。
参考价格：80~200元

① 有色乳胶漆

② 艺术地毯

③ 手绘墙画

④ 米白色网纹大理石

⑤ 水曲柳饰面板

⑥ 仿古砖

卷边布艺沙发
卷边布艺沙发造型宽大, 柔软舒适, 让客厅更显温馨。
参考价格: 800~1500元

布艺沙发
素色布艺沙发为空间增添了一份清雅与舒适。
参考价格：2000~3000元

图1

电视墙深色木饰面板与家具的颜色保持一致，体现了软装与硬装搭配的用心。

图2

仿古砖为客厅增添了一份质朴的美感，在布艺沙发、实木家具、花边地毯等软装元素的点缀下，更显美式风格的精致品位。

图3

白色护墙板与深色乳胶漆的搭配典雅又富有明快感，布艺沙发的选色十分用心，展现出美式风格休闲、舒适的格调。

图4

客厅从设计到选材都十分考究，沙发墙的巨幅装饰画为整个客厅增添了浓郁的书香气。

① 胡桃木饰面板
② 仿古砖
③ 有色乳胶漆
④ 米黄色亚光地砖
⑤ 米黄色网纹大理石

布艺抱枕
布艺抱枕的颜色与花纹十分具有
中式特色，也为空间增添了美感。
参考价格：80~150元

图1

客厅以灰白色调为主，装饰材质和
色彩拿捏得恰到好处，配上各种精
致的软装工艺品，使整个空间尽显
高贵、典雅。

图2

沙发墙上一幅充满艺术气息的装饰
画使整个墙面别具一格。

图3

黑色大理石装饰的电视墙极具格
调，简洁大气，是整个客厅设计的
焦点。

图4

客厅整体以木色为主色调，呈现出
自然、淡雅的视觉效果。电视墙采
用木质窗棂作为装饰，更显别致。

① 胡桃木装饰线
② 无缝玻化砖
③ 白色人造大理石
④ 艺术地毯
⑤ 黑白根大理石
⑥ 木质窗棂造型

装饰材料

茶色镜面玻璃

茶色镜面玻璃能使空间的品位更显高雅，新颖别致。

👍 优点

茶色镜面玻璃作为背景墙的装饰，可以舒缓压迫感，还可以当作穿衣镜。实用与观赏相结合，更易与居室中的其他家具相搭配，从而起到强化空间风格、丰富空间设计的作用。例如：白色的墙面搭配茶色镜面玻璃，色彩与材料的双重对比，不仅可以彰显质感，同时又能增强空间搭配的平衡感。

❗ 注意

在选择镜面玻璃的施工方法时，要根据所选镜面玻璃的规格大小及重量来选择，以避免产生安全隐患。大规格的镜面玻璃应选用螺钉固定的方式，而小规格的镜面玻璃则可以采用粘贴固定的方式进行施工。无论采用哪种施工方式，都应确保基层衬板的平整度与牢靠度。

★ 推荐搭配

茶色镜面玻璃+不锈钢条+木质饰面板
茶色镜面玻璃+木质装饰线+壁纸

图1

茶色镜面玻璃的运用让电视墙的设计更富有变化，也缓解了大面积暗暖色带来的沉闷感。

① 茶色镜面玻璃

② 木纹玻化砖

③ 印花壁纸

④ 有色乳胶漆

⑤ 白枫木装饰线

⑥ 混纺地毯

① 白枫木装饰线

② 中花白大理石

③ 有色乳胶漆

④ 艺术地毯

⑤ 雪弗板雕花

⑥ 仿古砖

⑦ 强化复合木地板

吊灯
环形铜质吊灯复古又时尚。
参考价格：800~1500元

图1

客厅沙发墙利落的装饰线条彰显简约的美感，精致的软装元素提升了客厅的格调与优雅气质。

图2

整个客厅的硬装部分没有做任何特殊造型，仅利用后期软装来营造效果，简约又显别致。

图3

地面采用仿古砖与欧式花边地毯作为装饰，稳定空间重心的同时也更显悠闲、自然的意境。

图4

白色与木色的搭配让人感觉舒适又温馨，一抹绿色的加入则更显雅致。

箱式茶几
箱式茶几的装饰效果让客厅显得更加稳重。
参考价格：800~1200元

图1

沙发墙选择石膏线做造型，形成对称的美感；杏黄色布艺沙发、实木家具相互衬托，沉稳而不失雅致。

图2

米色沙发和米色印花壁纸的搭配使整个客厅尽显温馨与舒适，电视墙白色石膏板与深色壁布的色彩对比强烈，让整个客厅的视觉效果更加饱满有张力。

图3

以米色与米白色为基调的客厅尽显典雅与舒适的色彩氛围。

图4

木饰面板与格栅的运用增强了电视墙设计上的层次感。

① 白色乳胶漆
② 欧式花边地毯
③ 石膏板
④ 羊毛地毯
⑤ 装饰硬包
⑥ 泰柚木饰面板

① 混纺地毯
② 灰白色网纹玻化砖
③ 红樱桃木饰面板
④ 印花壁纸
⑤ 雕花茶镜
⑥ 白色板岩砖
⑦ 仿木纹墙砖

图1
客厅墙面仅用米色壁纸作为装饰，与顶面的白色、地面的浅灰色搭配，使整个空间和谐舒适。

图2
大量的红木家具彰显了中式风格的贵气，大大增强了整个客厅的视觉饱满度。

图3
电视墙与沙发墙同样采用拱门造型的石膏板作为装饰，有着很强的对称美感。

图4
大量的仿木质元素体现了客厅设计沉稳、朴实的美感。

装饰绿植
大型绿色植物为空间增添了无限的生机。
参考价格：根据季节议价

图1

优雅的米黄色底色, 配上白色护墙板、家具, 使整个空间简单干净。

图2

木质装饰线与原木色家具搭配, 素雅清净, 米白色布艺沙发的加入更显温柔雅致。

图3

沙发墙面的壁纸与沙发的颜色保持一致, 营造出简约而舒适的氛围。客厅的设计亮点在于将自然主义情调贯穿其中, 以绿植、花卉作为软装点缀, 使整个空间充满自然活力。

① 装饰茶镜

② 条纹壁纸

③ 泰柚木装饰线

④ 米白色亚光玻化砖

⑤ 肌理壁纸

⑥ 灰白色网纹玻化砖

装饰材料

木质格栅

　　木质格栅的选材十分考究,多以胡桃木、柚木、樱桃木等色泽温润、典雅的木种作为主要材料。

👍 优点

　　木质格栅具有良好的透光性、空间性、装饰性,有着隔热、降噪等功能。在家庭装修中常用于推拉门、窗,也用于吊顶、平开门和墙面的局部装饰。木格栅做墙饰,中间镶入装饰玻璃,轻巧秀丽,静谧与工艺性尽显其中,具有一种通透美。

❗ 注意

　　可以选择与空间整体风格统一的木种、颜色及造型,避免突兀。安装前的测量要确保精准,以避免格栅的分格不均、表面不平等现象。

⭐ 推荐搭配

　　木质格栅+大理石+装饰镜面

　　木质格栅+壁纸+木质饰面板

　　木质格栅+乳胶漆

图1

电视墙的选材以木质格栅、镜面、大理石三种材质进行搭配,突出设计的层次感,又强调了客厅沉稳、贵气的格调。

① 黑胡桃木饰面板

② 木质格栅

③ 米黄色网纹大理石

④ 印花壁纸

⑤ 黑白根大理石波打线

⑥ 密度板拓缝

装饰扇面
红色的装饰扇面为客厅注入了一份别样的韵味。
参考价格: 120~200元

图1

浅灰色硬包装饰电视墙,展现出现代风格的优雅与从容。

图2

印花壁纸与石膏线装饰的电视墙流露出清新自然的美感,深色家具的运用加强了客厅的稳重感。

图3

以黑色与白色为基调的客厅中,电视墙选用米色大理石作为装饰,有效缓解了黑白两色强烈的对比感。

图4

白色墙漆与白色线条搭配,简洁大气,家具、灯饰、装饰画等软装元素的搭配赋予空间极佳的层次感。

① 装饰硬包
② 印花壁纸
③ 强化复合木地板
④ 米色网纹大理石
⑤ 白色乳胶漆
⑥ 欧式花边地毯

布艺抱枕
布艺抱枕的色彩清新淡雅,是整个客厅配色中最亮眼的点缀。
参考价格: 80~150元

图1

整个客厅色彩明亮舒适,复古造型的布艺沙发营造出舒适典雅的居家氛围。

图2

电视墙采用整块大理石装饰,彰显出低调的奢华,木饰面板细节处尽显舒适与自然。

图3

镜面锦砖的运用增强了客厅墙面装饰的美感,也为典雅的客厅增添了一份时尚气息。

图4

客厅以浅灰色为主色调,沉稳大气;搭配布艺沙发、实木家具,使整个空间呈现出独特的优雅与理性。

① 米黄色大理石
② 米白色网纹玻化砖
③ 云纹大理石
④ 水曲柳饰面板
⑤ 镜面锦砖
⑥ 有色乳胶漆
⑦ 强化复合木地板

① 白色乳胶漆
② 艺术地毯
③ 灰白色网纹大理石
④ 黑胡桃木装饰线
⑤ 印花壁纸
⑥ 实木复合地板
⑦ 米色网纹亚光玻化砖

图1

墙饰、家具、灯饰、地毯等软装元素搭配在一起，带给空间更加丰富的视觉层次。

图2

黑白灰为主要配色的空间，尽显现代中式风格简洁、典雅的格调。

图3

小碎花壁纸与深色木线条相搭配，流露出田园美式风格的自然气息。

图4

电视墙面的壁纸选色与布艺家具、窗帘的颜色形成呼应，体现了搭配的用心，和谐又不乏稳重的美感。

① 有色乳胶漆

② 米色无缝玻化砖

③ 雕花茶镜

④ 白枫木装饰线

⑤ 浅咖啡色亚光地砖

⑥ 爵士白大理石

⑦ 艺术地毯

图1

整个客厅以米色调为背景色，整体造型简单，深色家具、窗帘的完美搭配，使整个空间既大气厚重，又温馨雅致。

图2

电视墙的设计造型和选材是整个客厅的设计重点，温和朴素又不张扬，实现了多功能收纳的同时也满足了美化空间的需求。

图3

雕花茶镜具有极佳的装饰效果，搭配白色木质线条与硬包，使电视墙的设计十分有层次感。

图4

爵士白大理石在茶镜装饰线的衬托下更显素雅、洁净，不需要复杂的设计造型，便能展现出简洁大气的美感。

[实用贴士] **客厅选购灯具应考虑哪些因素**

（1）安全性。在选择灯具时不能一味地贪图便宜，而要先看其质量，检查质保书、合格证是否齐全。最贵的不一定是最好的，但太廉价的一定是不好的。很多便宜灯质量不过关，往往隐患无穷，一旦发生火灾，后果不堪设想。

（2）风格一致性。灯具的色彩、造型、式样必须与室内装修和家具的风格相称，彼此呼应。在灯具色彩的选择上，除了与室内色彩基调相配合之外，也可根据个人的喜好选购。尤其是灯罩的色彩，对调节气氛起着很大的作用。灯具的尺寸、类型和数量要与客厅面积、总体面积、室内高度等条件相协调。

① 印花壁纸
② 胡桃木窗棂造型贴银镜
③ 木质花格
④ 白松木板吊顶
⑤ 装饰灰镜
⑥ 仿古砖

① 装饰茶镜

② 云纹大理石

③ 密度板拓缝

④ 木质搁板

⑤ 印花壁纸

⑥ 胡桃木饰面板

彩色花瓶
彩色手工玻璃花瓶的运用,有效
地缓解了空间配色的沉闷感。
参考价格: 100~180元

图1
凹凸造型的电视墙搭配丰富的选
材,强调质感的同时展现出很好的
装饰效果。

图2
电视墙简约造型的搁板实现收纳
功能的同时具有很好的装饰效果,
选材与其他木质家具相同,还能体
现出搭配的整体感。

图3
整个客厅的硬装与软装的色彩搭配
和谐,选材考究,体现了高贵大气
的美感。

图4
采光好的客厅中,采用深色木饰面
板来装饰电视墙,给人婉约而复古
的感觉。

① 印花壁纸
② 艺术地毯
③ 木质窗棂造型
④ 木纹大理石
⑤ 强化复合木地板
⑥ 泰柚木饰面板
⑦ 仿古砖

图1

花鸟图案的印花壁纸使整个空间散发出鸟语花香的自然气息，精心挑选的布艺软装、灯饰、墙饰十分富有质感，彰显了空间搭配的协调感。

图2

实木家具与木质装饰材料的选材保持一致，表现出传统中式风格精致的格调。

图3

客厅整体采用米色调，极富质感的深色实木家具点缀其中，呈现贵气而不失简约的美感。

图4

以深色为主色的客厅中，地面选用经过洗白处理的仿古砖作为装饰，斑驳并富有质感。

青花瓷器
青花瓷器的运用，既能增强客厅的美感，又能体现中式韵味。
参考价格：300~600元

描金实木电视柜
实木柱腿式描金电视柜,展现出
古典美式精美、奢华的韵味。
参考价格: 1800~2500元

图1

茶镜装饰线是整个电视墙面的唯
一装饰,简约而不失雅致。

图2

深色实木家具与印花壁纸、白色墙
漆的相互衬托,让客厅的氛围更加
轻松。

图3

电视墙面的亚光砖与沙发墙的壁纸
色调统一,白色装饰线的加入,则
使配色更加和谐也更有层次。

图4

泰柚木饰面板的纹理清晰,色泽浓
郁,让整个客厅的视觉效果呈现得
更加饱满。

① 茶镜装饰线

② 艺术地毯

③ 印花壁纸

④ 仿古砖

⑤ 米色亚光墙砖

⑥ 泰柚木饰面板

⑦ 米白色无缝玻化砖

① 仿古砖

② 印花壁纸

③ 木质窗棂造型贴银镜

④ 木纹大理石

⑤ 浅灰色网纹玻化砖

⑥ 云纹大理石

⑦ 浅咖啡色网纹大理石

图1

电视墙面仅用浅棕色壁纸和木质线来做搭配，打造出一个简洁舒适而不失格调的空间。

图2

电视墙两侧的定制成品柜增强了墙面设计的整体感，造型别致，装饰效果极佳。

图3

木纹大理石的纹理丰富自然，与木质窗棂造型搭配，增强了墙面设计的层次感。

图4

沙发墙使用了大面积的白色搭配黑色线条，与传统造型的家具搭配，营造出别样的混搭时尚。

水晶吊灯
造型别致的水晶吊灯为中式风格客厅注入一份欧式的美感。
参考价格：1600~2000元

水曲柳饰面板

水曲柳木主要产于我国东北地区,特点是呈黄白色,结构细腻,纹理直而较粗,涨缩率小,耐磨抗冲击性好。

👍 优点

水曲柳饰面板的纹理有山纹和直纹两种,颜色黄中泛白,纹理清晰,如将水曲柳木施以仿古漆,其装饰效果不亚于樱桃木等高档木种,并且别有一番自然的韵味。适用于客厅、书房、卧室等空间的装饰装修。

❶ 注意

在选购水曲柳饰面板时,应注意观察贴面(表皮),看贴面的厚薄程度,越厚的性能越好,涂刷油漆后实木感强、纹理清晰、色泽鲜明、饱和度也好;表面应光洁,无明显瑕疵,无毛刺沟痕和刨刀痕,无透胶现象和板面污染现象。要注意面板与基材之间、基材内部各层之间不能出现鼓包、分层现象;要选择甲醛释放量低的板材。可用鼻子闻,气味越大,说明甲醛释放量越高,污染越厉害,危害性也就越大。

★ 推荐搭配

水曲柳饰面板+乳胶漆+灯带

图1

利用水曲柳饰面板装饰的电视墙,纹理清晰,衬托出整个居室的自然风韵。

① 水曲柳饰面板

② 肌理壁纸

③ 实木地板

④ 有色乳胶漆

⑤ 装饰银镜

⑥ 木纹大理石

铜质壁灯
铜质壁灯造型高雅, 体现出美式
风格精致的生活态度。
参考价格: 200~400元

图1

素色墙漆与白色线条搭配的电视
墙, 简洁又带有复古美感。

图2

米黄色大理石温润的色泽与纹理增
强了空间装饰的美感, 使整个客厅
的氛围更显优美、雅致。

图3

石材与镜面的拼贴组合, 让电视墙
的设计通透又富有变化, 浅棕色布
艺沙发与深色实木家具的搭配则更
显典雅。

图4

电视墙面墙漆的选色大胆, 与米色
布艺沙发、实木家具、仿古砖搭配在
一起, 营造出一种复古的时尚感。

① 石膏装饰线
② 米色玻化砖
③ 米黄色网纹大理石
④ 米黄色亚光玻化砖
⑤ 装饰灰镜
⑥ 有色乳胶漆

① 装饰灰镜
② 米黄色网纹大理石
③ 铁锈黄网纹大理石
④ 布艺软包
⑤ 水曲柳饰面板
⑥ 印花壁纸
⑦ 黑白根大理石踢脚线

图1

电视墙的大理石采用菱形铺贴的方式，不必再做任何复杂的造型，仅通过石材自身的纹理，就能彰显出一份简约、贵气的美感。

图2

客厅整体层次感鲜明，视觉上也更干净通透，深色调的地板让空间基调更加沉稳。

图3

客厅的整体配色沉稳，台灯、布艺、壁画精心搭配，呈现出清爽雅致的视觉效果。

图4

印花壁纸与白色墙漆相搭配，使电视墙的设计中规中矩，拱门造型的装饰线加强了立体感。

铜质吊灯
美式铜质吊灯，造型优雅，体现出业主从容的生活态度。
参考价格：1100~1800元

布艺抱枕
色彩丰富的布艺抱枕让整个空间的色彩基调更加活跃。
参考价格：20~80元

图1

浅灰色与棕色搭配的客厅，典雅中透露出一份时尚感。

图2

米色的印花壁纸营造出雅致舒适的氛围，淡雅的客厅因米黄色皮质沙发和藤编座椅而显得格外有质感。

图3

电视墙造型简单，原木色饰面板搭配白色电视柜，朴素而美好。

① 装饰硬包
② 印花壁纸
③ 泰柚木饰面板
④ 有色乳胶漆
⑤ 艺术地毯
⑥ 米色网纹玻化砖

[实用贴士] 如何设计客厅地面的色彩

（1）家庭的整体装修风格和理念是确定地板颜色的首要因素。深色调地板的感染力和表现力很强，个性特征鲜明；浅色调地板风格简约，清新典雅。

（2）要注意地板与家具的搭配。地面颜色要衬托家具的颜色并以沉稳柔和为主调，浅色家具可与深浅颜色的地板任意组合，但深色家具与深色地板的搭配则要格外小心，以免让人感觉压抑。

（3）居室的采光条件也限制了地板颜色的选择范围，尤其是楼层较低、采光不充分的居室则要注意选择亮度较高、颜色适宜的地面材料，尽可能避免使用颜色较暗的材料。

（4）面积较小的房间地面宜选择暗色调的冷色，可以使空间显得开阔。如果选用色彩明亮的暖色地板，就会使空间显得更狭窄，增加压抑感。

1 条纹壁纸

2 仿古砖

3 米色大理石

4 红樱桃木饰面板

5 云纹大理石

6 实木复合地板

图1

电视墙的设计新颖别致，既有收纳功能，又能满足美化空间的需求。

图2

米色大理石给人干净、舒适的感觉，与红色木饰面板的搭配则加强了视觉上的层次感。

图3

雅致的空间里，材质和色彩拿捏得恰到好处，配上两只精致的陶瓷鼓凳，使整个空间尽显混搭风格的别样风韵。

陶瓷鼓凳
仿古造型的陶瓷鼓凳丰富了空间的色彩。
参考价格: 300~400元

① 米黄色亚光墙砖

② 欧式花边地毯

③ 仿古砖

④ 胡桃木窗棂造型贴银镜

⑤ 米色洞石

⑥ 金属壁纸

⑦ 印花壁纸

图1

米黄色的墙砖与地板形成呼应，与浅色墙漆相搭配，更显层次感。

图2

实木家具、灯饰、地毯等元素搭配在一起，营造出一个古朴雅致的空间氛围。

图3

木质窗棂与银镜的搭配形成视觉冲击力，与洞石的搭配则更显层次变化的丰富。

图4

素色印花壁纸搭配白色护墙板，清新典雅，展现出田园风格的自然韵味。

双色木质电视柜
电视柜的颜色及造型典雅大气，给人耳目一新的感觉。
参考价格：800~1200元

① 米色大理石

② 红樱桃木饰面板

③ 布艺软包

④ 混纺地毯

⑤ 皮革软包

⑥ 爵士白大理石

⑦ 黑白根大理石波打线

图1

客厅的选材及配色都十分饱满，沙发墙采用护墙板与蓝色壁纸结合，电视墙采用护墙板与大理石结合，营造出古典美式的氛围。

图2

电视墙面布艺软包的选色为整个客厅营造出一份清新感，与深色调的家具一起搭配出美式风格特有的温馨格调。

图3

电视墙的设计简洁，通过软包与木质线条的凹凸造型来体现质感。

图4

手绘墙画的颜色淡雅，却有着很强的装饰效果。

单人沙发椅
美式单人沙发椅具有良好的舒适性，成为客厅中的亮点装饰。
参考价格: 1800~2500元

① 白枫木装饰线

② 云纹大理石

③ 仿古砖

④ 木纹大理石

⑤ 有色乳胶漆

⑥ 黑胡桃木饰面板

⑦ 强化复合木地板

布艺沙发
布艺沙发的造型简约，让人感受
到轻松的氛围。
参考价格：800~1500元

图1

客厅选用柔和的米色作为主色调，
深色木质地板的运用使空间的重心
更加稳定。

图2

电视墙拱门的设计造型，搭配木色
大理石，尽显朴素雅致。

图3

米色调的空间搭配深色家具，彰显
色彩层次感的同时，也表现出整个
客厅婉约复古、宁静雅致的氛围。

图4

原木色地板与米色沙发有效缓解了
大面积黑色带来的压抑感，使整个
空间的视觉效果更加舒适。

装饰材料

实木装饰立柱

实木材质可以照顾到居住者全方位的感官享受，触感舒适，给人以和谐的美感。

👍 优点

柞木、橡胶木、水曲柳、榉木、花梨木等都可以作为装饰立柱的选材。它的纹理不受任何风格的限制，无论家居风格是古典的还是现代的，都可以将木材天然的纹理融入其中，利用木质纹理散发出的典雅美，体现古朴的天然气质，堪称室内精美的装饰材料。

❗ 注意

考虑到木材的吸水性，实木立柱在油漆施工前，应先清除木材表面的污垢及灰尘，以增加漆膜的牢固度。施工时，应顺着木纹方向均匀涂刷饰面油漆，涂刷遍数一般以三遍为宜。在油漆工序完工后对油漆木饰面打光上腊，进行必要的护理。

★ 推荐搭配

实木装饰立柱+壁纸

实木装饰立柱+装饰镜面+大理石

图1

实木装饰立柱与顶面的横梁形成呼应，体现出空间设计的整体性。

① 实木装饰立柱
② 仿古砖
③ 水曲柳饰面板
④ 木纹玻化砖
⑤ 印花壁纸
⑥ 欧式花边地毯

① 米色大理石
② 车边银镜
③ 车边灰镜
④ 手绘墙画
⑤ 胡桃木饰面板
⑥ 啡金花大理石

图1

大理石与镜面相搭配，简洁通透，为舒适的客厅增添了时尚感。

图2

客厅素色的布艺饰品让空间氛围更加舒适典雅；精致的灯饰、摆件和花艺等软装搭配从细节上提升了居家品质。

图3

电视墙的木饰面板与原木色家具进行搭配，充分体现了原木风的典雅美感。

图4

电视墙面的大理石纹理及色泽在灯带的烘托下展现出更佳的装饰效果。

台灯
鸟笼形的台灯底座，造型新颖别致，使空间充满温馨感。
参考价格：200~300元

① 水曲柳饰面板
② 云纹大理石
③ 米色网纹大理石
④ 装饰灰镜
⑤ 米白色洞石
⑥ 泰柚木饰面板
⑦ 艺术地毯

图1

大量木饰面板的运用弱化了大理石的沉重感，很大程度上体现了质朴从容的生活方式。

图2

网纹大理石的运用让电视墙的设计更有层次感，壁纸、地毯、布艺沙发等软装元素的精心布置，使空间氛围更加休闲舒适。

图3

电视墙采用洞石与镜面组合装饰，设计造型简洁，体现了选材的别有用心，通过装饰材料的质感提升了整个空间的品位与时尚感。

图4

木饰面板与电视柜的选材保持一致，体现了设计搭配的整体感，壁纸与沙发的颜色一深一浅，呈现出层次分明的配色效果。

① 灰白色洞石

② 米色玻化砖

③ 印花壁纸

④ 混纺地毯

⑤ 白枫木饰面板

⑥ 米色玻化砖

烛台式吊灯
烛台式水晶吊灯营造出一个梦幻
又浪漫的空间氛围。
参考价格: 2000~2800元

[实用贴士]
如何确定客厅地砖的规格

（1）依据居室大小来挑选地砖。房间的面积偏小，尽量选用小规格的地砖。具体来说，如果客厅面积在 30m² 以下，考虑用 600mm×600mm 的规格；如果客厅面积在 30m²~40m²，则 600mm×600mm 或 800mm×800mm 的地砖都可以；如果客厅面积在 40m² 以上，就可考虑用 800mm×800mm 规格的地砖。

（2）考虑家具所占用的空间。如果客厅被家具遮挡的面积较大，则应考虑用规格较小的地砖。

（3）考虑客厅的长宽。就效果而言，以地砖能全部整片铺贴为好，也就是铺贴到边角处尽量不裁砖或少裁砖，尽量减少浪费。一般而言，地砖规格越大，浪费也就越多。

（4）考虑地砖的造价和费用问题。对于同一品牌、同一系列的产品来说，地砖的规格越大，价格也会越高，不要盲目地追求大规格产品，在考虑以上因素的同时，还要结合一下自己的预算。

图1

灰白色洞石的层次丰富，极富装饰性，与深色木饰面板相搭配，深浅适度，更显雅致。

图2

印花壁纸颜色素净，图案复古，与深色实木家具搭配，表现出中式风格的古朴韵味。

图3

以米白色为主调的空间内，深色木质家具与棕色调的布艺饰品，为客厅增添了一份沉静的美感。

① 灰镜装饰线
② 装饰壁布
③ 浅咖啡色网纹大理石
④ 米黄色网纹玻化砖
⑤ 米黄色网纹大理石
⑥ 车边茶镜
⑦ 胡桃木饰面板

箱式实木茶几
箱式茶几具有强大的收纳功能与
装饰美感。
参考价格: 1800~2500元

图1

装饰壁布与灰镜装饰线的完美结合，将现代中式的典雅意境体现得恰到好处。

图2

色泽温润的大理石装饰的电视墙，搭配两侧对称的设计造型，呈现出现代中式的雅致。

图3

尤雅的米黄色是整个客厅空间的底色，配上浅灰色沙发、白色电视柜，为空间平添了几分时尚气息。

图4

直线条装饰的客厅，通过对选材、配色及软装等元素的精心搭配，从细节上提升了居家品质。

图1

米黄色大理石的运用为客厅增添了一份华丽的美感；精致的欧式风格家具使整个客厅充满复古之感。

图2

黑色与白色的对比为客厅增添了一份明快感，浅灰色地毯的运用，使空间基调更加柔和舒适。

图3

白色墙漆让客厅充满洁净感，搭配深色系的实木茶几、边柜，使整个空间展现出独特的理性与优雅。

图4

大马士革图案的印花壁纸与装饰画增添了客厅的古典美感。

茶几
金属与钢化玻璃结合的茶几，极富时尚感。
参考价格：800~1500元

① 米黄色大理石

② 艺术地毯

③ 木纹玻化砖

④ 白色乳胶漆

⑤ 仿古砖

⑥ 印花壁纸

⑦ 白色玻化砖

吊灯
方形玻璃灯罩的吊灯，选材别致，为传统美式风格空间增添了一份时尚气息。
参考价格：800~1500元

① 皮革软包
② 米黄色大理石
③ 艺术地毯
④ 肌理壁纸
⑤ 有色乳胶漆
⑥ 米色亚光网纹地砖
⑦ 装饰银镜

图1
米黄大理石装饰的电视墙，使整个客厅的氛围显得更加温馨，深色实木家具与米白色布艺沙发，提升了整个客厅的色彩层次，呈现更加和皆的视觉效果。

图2
戈灰色壁纸与黑色实木家具搭配，对比明快，又不失柔和的美感，彰显出现代中式风格的雅致。

图3
人造大理石的纹理图案与短沙发的用色形成呼应，体现了硬装与软装搭配上的用心。

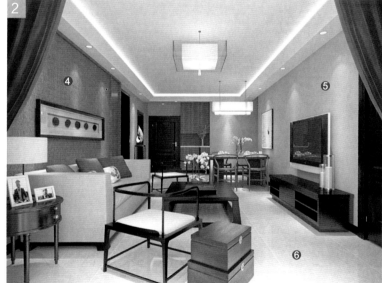

铜质壁灯
铜质壁灯的设计线条优美，选材考究，表达出一种低调又不失优雅的生活态度。
参考价格：800~1500元

① 啡金花大理石
② 皮纹砖
③ 有色乳胶漆
④ 艺术地毯
⑤ 装饰灰镜
⑥ 胡桃木饰面板
⑦ 中花白大理石

图1

皮纹砖与大理石组合搭配的电视墙，设计造型简洁，色彩更有层次。

图2

素色墙漆的运用给整个客厅营造出清爽、安逸的氛围，精致的实木家具、布艺沙发、花艺饰品等软装的搭配都流露出美式风格的精致美感。

图3

大理石的纹理清晰，色彩明快，与镜面及装饰线搭配在一起，使电视墙的设计层次更加丰富。

图4

沙发墙面采用木质护墙板与壁纸搭配，装饰意味浓厚，中间的蓝色装饰画颇具艺术气息。

组合装饰画
组合装饰画的对称排列增强了空间搭配的整体感。
参考价格：100~200元

① 仿古砖
② 印花壁纸
③ 米黄色网纹玻化砖
④ 木质窗棂造型
⑤ 米黄色网纹大理石
⑥ 水晶装饰珠帘
⑦ 白色乳胶漆

图1

电视墙壁纸的颜色与地面仿古砖的色调相同，很大程度上突出了整个客厅空间的古典主义情怀。

图2

米黄色网纹玻化砖通透的质感增强了客厅的时尚感。

图3

木质窗棂复杂的造型，搭配纹理清晰、色泽温润的大理石，使整个电视墙的设计更加有层次。

图4

水晶珠帘有效分割了餐厅与客厅两个空间，装饰效果极佳。

皮质沙发
皮质沙发的厚重感强调了空间的重心。
参考价格：1800~2800元

整体电视柜
整体电视柜的收纳功能让小客厅
显得更加井井有条。
参考价格: 2000~3000元

图1

电视墙采用淡蓝色壁纸与深色实木
家具搭配，勾勒出古典主义风格的
优雅与从容。

图2

实木线条与云纹大理石的装饰效
果极佳，大大增添了整个空间古
朴、典雅的韵味。

图3

灰色装饰镜面增添了整个客厅的时
尚感，白色木质线条、米色地砖及
米色壁纸则更显温馨典雅。

图4

泰柚木饰面板的纹理清晰，色泽温
润，使整个客厅的基调简约而不失
优雅。

① 有色乳胶漆
② 米黄色玻化砖
③ 实木装饰线密排
④ 云纹大理石
⑤ 木纹玻化砖
⑥ 装饰灰镜
⑦ 泰柚木饰面板

① 白枫木装饰线
② 欧式花边地毯
③ 皮革软包
④ 有色乳胶漆
⑤ 艺术地毯
⑥ 米色网纹玻化砖

[实用贴士]　**如何验收地面石材、地砖的铺装质量**

　　验收地面石材、地砖的铺装质量时，应注意以下几点：地面石材、地砖铺装必须牢固；铺装表面应平整、洁净，色泽协调，无明显色差；接缝应平直，宽窄均匀；石材、地砖无缺棱掉角现象；非标准规格石材铺装的铺设位置、流水坡方向要正确；拉线检查误差应小于 2mm，用 2m 靠尺检查平整度误差要小于 1mm。

① 中花白大理石

② 印花壁纸

③ 石膏板拓缝

④ 陶瓷锦砖

⑤ 仿古砖

图1

中花白大理石的色调纯净，与米色印花壁纸相搭配，使整个空间简约又不失美感。

图2

电视墙面采用深色印花壁纸与白色石膏板作为装饰，色彩对比明快，简洁大气。

图3

不同色调的陶瓷锦砖装饰的电视墙十分具有层次感，与米色印花壁纸、米色墙漆形成呼应，体现了空间设计搭配的整体感。

图4

以米色为主调的空间内，深色实木家具与布艺沙发的运用为空间增添了稳重感与整体感。

吊灯
八头吊灯的线条优美，为雅致的空间增添了一份浪漫。
参考价格：1800~2400元

1 有色乳胶漆
2 车边茶镜
3 浅咖啡色网纹大理石
4 石膏板吊顶
5 肌理壁纸
6 爵士白大理石

图1

客厅墙面没有特别的设计造型，只
是采用乳胶漆作为装饰，精致的吊
灯、家具、摆件等软装搭配显得格
外用心，从细节上提升了居家品质。

图2

大理石与镜面装饰的电视墙，视觉
效果极佳，呈现出一种高贵、典雅
的气韵。

图3

客厅的配色大胆，营造出别样的复
古时尚感，精美的配饰展现了独特
的优雅美感。

图4

高级灰是现代装饰中表现质感的
佳色系，客厅空间以浅灰色为主
调，时尚大气。

矮柜式电视柜
电视柜的造型简洁，颜色自然，
展现了客厅雅致的美感。
参考价格：800~1500元

洞石

　　洞石是一种天然石材，由于表面多孔而得名。洞石的色调以米黄色居多，能使人感到温和、质感丰富，条纹清晰，能够营造出强烈的文化感和历史韵味。

👍 优点

　　洞石的纹理清晰，展现出温和丰富的质感，源自天然，却超越天然。表面经过处理后疏密有致、凹凸和谐，有毛面、光面和复古面等不同款式。洞石的颜色有米白色、咖啡色、米黄色与红色等。此外，每一片洞石都可以依设计来进行大小或形状的切割，同时还可以根据纹路进行拼贴，对纹或不对纹的方式，都能营造出不一样的装饰效果。

❗ 注意

　　由于洞石的表面带有凹凸的洞孔，所以容易出现卡尘的现象，在日常维护中，切记不要用清洁剂进行清洗，以免清洁剂中的化学成分对天然石材造成伤害。只需要用抹布蘸少量清水擦拭即可，对于洞孔中的灰尘，可以用吸尘器将其吸出，或者使用刷子蘸清水刷一刷即可。

★ 推荐搭配

　　洞石+镜面装饰线+木饰面板

图1

洞石表里具有良好的层次感，与木饰面板搭配装饰的B视墙，展现了中式风格的典雅高贵。

① 米白色洞石

② 红樱桃木饰面板

③ 有色乳胶漆

④ 条纹壁纸

⑤ 强化复合木地板

1. 印花壁纸
2. 强化复合木地板
3. 木质格栅
4. 手绘墙画
5. 艺术地毯
6. 米黄色网纹大理石
7. 混纺地毯

台灯
羊皮纸与陶瓷两种材质组合的台灯,色彩淡雅,线条优美,表现出低调的优雅美感。
参考价格: 800~1500元

图1
印花壁纸的纹理别致,选色淳朴,搭配实木家具与布艺沙发,呈现出典雅舒适的氛围。

图2
大色成为整个客厅的主色,也使客厅的重心更加稳定。

图3
手绘墙画体现了色彩的层次感,木格栅的运用则增强了设计造型的多变性,完美地体现了中式风格的雅致与品位。

图4
理石、竹制卷帘、红木线条、印花纸使整个客厅空间展现出独特的美感与雅致。

仿古手绘墙画
花鸟图案极富传统中式韵味,展现了中式文化的底蕴。
参考价格:根据面积议价

图1

花鸟主题的手绘墙画色彩浓郁,与布艺抱枕的颜色形成呼应,体现了传统中式富贵祥和的气氛。

图2

整个空间以米色为主,通过墙漆、木饰面板、地砖、布艺等不同材质来体现色彩搭配的层次感,更加强调了空间和谐舒适的氛围。

图3

整个客厅的色彩十分暖心,淡淡的米黄色大理石及印花壁纸打破了深色实木元素的沉重感,营造出高雅舒适的空间氛围。

图4

深色木质家具与皮质沙发十分具有质感,表现了传统美式风格精致与古朴的韵味。

① 胡桃木格栅
② 手绘墙画
③ 水曲柳饰面板
④ 米黄色网纹大理石
⑤ 布艺软包

典雅型餐厅装饰材料

　　典雅型的餐厅通常给人一种淡雅节制、深邃禅意的感觉，在选材上不追求奢华，以营造自然淳朴的感觉为目的，通常以木质材料、壁纸、硅藻泥等材质为主。

① 密度板拓缝
② 黑白根大理石波打线
③ 艺术地毯
④ 装饰硬包
⑤ 白枫木饰面板
⑥ 强化复合木地板

图1

密度板的拓缝造型使餐厅墙面的设计更有层次感，与巨幅装饰画搭配，简约又极富艺术气息，餐椅的选色在视觉上很有跳跃感。

图2

餐厅与玄关相连，以浅棕色为主调的空间中增添了几抹绿色，使整个餐厅素雅、洁净，十分具有层次感。

白色木质边柜
餐边柜兼具收纳功能与装饰功能，体现了生活的细致与品位。
参考价格：800~1800元

① 白枫木装饰线

② 陶瓷锦砖

③ 实木复合地板

④ 装饰灰镜

⑤ 米色网纹大理石

⑥ 有色乳胶漆

⑦ 米黄色亚光地砖

[实用贴士] 独立餐厅空间的布局设计

　　相对而言，独立式餐厅是比较理想的格局。需要注意餐桌、餐椅、餐柜的摆放与布置需与餐厅的空间结合，如宽敞的方形餐厅，可选用圆形或方形餐桌，居中放置；狭长的餐厅可在靠墙或靠窗一边放一张长餐桌，桌子另一侧摆上椅子，这样会使空间显得大一些。

水晶吊灯
通透明亮的水晶吊灯，为用餐空间提供了充足的照明与美感。
参考价格：1200~1800元

图1

餐厅的视觉效果洁净素雅，在色彩搭配上以白色、木色为主，灯饰、装饰画等软装元素精美别致。

图2

餐厅墙面的选材十分丰富，大理石、软包、镜面、壁纸等装饰材料组合在一起，表现出的视觉效果十分饱满、有层次感。

花艺
精美的花艺色彩淡雅，为空间注入一份自然清新的味道。
参考价格：80~120元

① 印花壁纸

② 木质踢脚线

③ 米黄色玻化砖

④ 格纹壁纸

⑤ 米色玻化砖

⑥ 仿古砖

图1

壁纸、墙漆、地砖、餐椅的色调十分统一，体现了配色的整体感，黑白装饰画的运用，有效地拉开了色彩层次，也让用餐氛围更有艺术气息。

图2

木工做出的凹凸造型，让餐厅墙面设计更有立体感，格纹壁纸的使用使视觉效果更加饱满。

图3

米色与木色是整个空间的主色调，使整个空间的氛围更加安逸、舒适、休闲、精致。

图4

餐厅与客厅相连，地面选择统一的仿古砖进行装饰，铁艺吊灯、仿古家具等元素融合在一起，精致复古，显得更加温馨优雅。

> **吊灯**
> 环形铁艺吊灯的造型具有复古感，赋予餐厅古朴的韵味。
> 参考价格：800~1500元

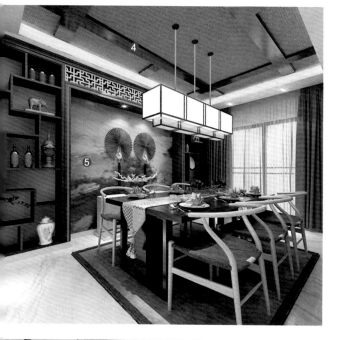

磨砂玻璃

　　磨砂玻璃，又叫毛玻璃、暗玻璃，是用普通平板玻璃经机械喷砂、手工研磨或氢氟酸溶蚀等方法将表面处理成均匀粗糙表面而制成。

👍 优点

　　磨砂玻璃的表面粗糙，光线会产生漫反射，所以磨砂玻璃透光而不透视，能让室内光线柔和而不刺目，常用于需要隐蔽的空间的门窗及隔断处。磨砂玻璃在使用时应将毛面朝向窗外，会给人们磨砂的质感，同时又具有装饰和分隔的功能，既能保证有效采光，又可以美化室内环境。

❗ 注意

　　对于使用磨砂玻璃装饰的墙面、门扇、窗扇等，尽量不要悬挂重物，同时还要避免碰撞玻璃面，以防止玻璃面刮花或损坏。在日常清洁时，只需用湿毛巾或报纸擦拭即可，如遇污渍，则可用温热的毛巾蘸取食用醋即可擦除。

★ 推荐搭配

　　磨砂玻璃+木饰面板

　　磨砂玻璃+木质花格

图1

磨砂玻璃与木质窗格组合成的推拉门，有效分隔了空间区域，同时具有良好的装饰效果。

① 金箔壁纸

② 磨砂玻璃

③ 黑金花大理石波打线

④ 胡桃木装饰横梁

⑤ 手绘墙画

⑥ 皮纹砖

① 木质格栅
② 有色乳胶漆
③ 白枫木饰面板
④ 柚木饰面板
⑤ 木纹玻化砖
⑥ 装饰茶镜
⑦ 木纹壁纸

图1

餐厅中木色家具的运用,体现出一份典雅、古朴的美感。

图2

餐厅墙面采用大面积白枫木饰面板进行装饰,装饰意味浓厚,复古家具、装饰画及精致的摆件等点亮了整个空间。

图3

嵌入式餐边柜的设计很有整体感,保证收纳需求的同时具有良好的装饰效果。

图4

餐厅的整体设计搭配简洁雅致,墙面采用仿木纹壁纸,与地砖形成很好的呼应,简约而不失大气。

方形云石吊灯
方形吊灯保证了用餐空间的照明度,也增强了美感。
参考价格: 1200~2400元

装饰画
巨幅装饰画的色彩饱满，成为整个餐厅设计的亮点。
参考价格：200~280元

图1

巨幅装饰画的色彩饱满丰富，使整个餐厅的氛围更加生动，更有活力。

图2

以棕色调为主的餐厅内，选用浅色墙漆搭配深色木质家具，层次分明，质感突出。

图3

嵌入式的餐边柜装饰效果极佳，同时具有强大的收纳功能。

图4

白色板岩砖的运用与浅棕色仿古砖的搭配，增添了餐厅空间的质朴之感，也表现出美式乡村风格的格调。

① 车边银镜
② 米黄色玻化砖
③ 白色玻化砖
④ 深咖啡色网纹大理石波打线
⑤ 胡桃木装饰横梁
⑥ 白色板岩砖

① 灰白色网纹玻化砖
② 印花壁纸
③ 啡金花大理石波打线
④ 米色玻化砖
⑤ 石膏装饰浮雕
⑥ 黑金花大理石踢脚线

图1

宽敞明亮的餐厅以浅色为主, 墙面的雕花设计, 搭配厚重的餐桌椅, 呈现出美式风格的经典美感。

图2

棕红色的木质餐边柜与餐桌是整个餐厅的视觉中心, 让浅色调为主的餐厅视觉效果更加饱满。

图3

米色印花壁纸的图案复古、雅致, 餐桌椅的选色十分大胆, 米色、黑色、蓝色三种颜色使空间的色彩层次更加明快。

图4

餐厅墙面的装饰线条优美, 地面铺设米色玻化砖搭配拼花波打线, 再搭配深色实木家具, 更显典雅大气。

美式座椅
实木与布艺结合的美式餐椅, 展现出美式风格的典雅与舒适。
参考价格: 800~1000元

① 有色乳胶漆
② 陶质木纹地砖
③ 条纹壁纸
④ 仿古砖波打线
⑤ 贝壳锦砖
⑥ 白色玻化砖

图1

实木餐桌椅的运用，为餐厅增添了一丝高雅的气息，素色墙漆与木质地板也给人带来温馨之感。

图2

餐厅延续了客厅的配色基调和选材，体现了居室搭配设计的整体感。

图3

竖条纹壁纸的色调温和朴素，搭配深色木质餐桌椅，层次分明又富有质感。

图4

绿色餐椅与木色餐桌搭配，让人感觉质朴又清新，白色玻化砖铺装地面，让餐厅的整体视觉效果简洁通透，更有层次感。

云石吊灯
云石材质的吊灯，造型简洁大方，展现出现代风格雅致的美感。
参考价格: 600~800元

① 胡桃木装饰横梁
② 白色板岩砖
③ 木纹玻化砖
④ 木质窗棂造型
⑤ 米色抛光墙砖
⑥ 强化复合木地板

图1

白色板岩砖与木质搁板的颜色形成对比，同时也打造出一份质朴的雅致感，大型绿植的加入更加美化了用餐意境。

图2

实木博古架搭配实木餐桌椅，使整个餐厅的氛围显得更加典雅大气；创意玻璃吊灯的运用，为传统韵味十足的餐厅增添了一份时尚感。

图3

吊灯、墙饰的造型别致新颖，搭配大量的木质元素，典雅中流露出时尚气息。

木质搁板
木质搁板的运用，增添了小餐厅的美感与情趣。
参考价格：80~120元

[实用贴士]

如何设计餐厅隔断

所谓餐厅隔断，是指专门分割餐厅空间的不达屋顶的半截立面，主要起到分割空间的作用。它与隔墙的功能比较类似，只是隔墙是做到天花板下的，而隔断一般不做到天花板下，即立面的高度不同，有的隔断甚至可以自由移动。隔断作为家居中分割空间和装饰的元素，越发受到家居行业的重视，也越来越为广大群众所接受，如今餐厅隔断流行开来，已经逐渐成为餐厅必备的家具。如屏风、展示架、酒柜这样的隔断，既能打破固有格局、区分不同功能的空间，又能使居室环境富于变化，实现空间之间的相互交流，为居室提供更大的艺术与品位相融合的空间。这样的设计和演化是餐厅装修的必然趋势。

① 印花壁纸

② 木质踢脚线

③ 条纹壁纸

④ 米色玻化砖

⑤ 强化复合木地板

⑥ 有色乳胶漆

图1

餐厅以米色为背景色，窗帘、家具、灯饰等富有质感的深色软装元素搭配其中，使整个餐厅的氛围贵气十足又不失舒适感。

图2

餐厅墙面选用浅灰色壁纸，增添了餐厅的时尚感；嵌入式壁龛使墙面设计更加丰富的同时，还实现了收纳功能。

图3

餐厅墙面的颜色使用淡淡的浅蓝色，与餐椅的颜色形成深浅对比，让整个用餐空间更显自然雅致。

图4

地板的颜色沉稳而富有质感，与餐厅中的家具搭配，彰显了轻奢品质。

球形吊灯
球形吊灯造型新颖别致，为雅致的空间注入一份时尚感。
参考价格：1200~2000元

方形宫灯
仿中式的方形宫灯与美式餐椅相结合，营造出一种混搭的雅致氛围。
参考价格: 1200~2300元

图1

餐厅墙面的印花壁纸颜色十分素净，实木餐桌椅色泽纯正，高贵大气，地面铺设米白色玻化砖，餐厅的整体氛围洁净、素雅。

图2

餐厅选用实木复古餐桌椅，顶部装有长方形吊灯，看起来稳重深沉，墙上的立体墙贴与素色肌理壁纸相搭配，使整个餐厅的用餐氛围简约又不失典雅。

图3

彩色硅藻泥搭配红木装饰线，是整个餐厅设计的亮点，搭配中式风格吊灯，演绎出混搭风格的美感。

图4

白色护墙板和装饰线简洁大气，与深色实木餐桌椅搭配，使餐厅层次更加分明。

① 印花壁纸
② 黑白根大理石波打线
③ 红樱桃木装饰线
④ 彩色硅藻泥
⑤ 白枫木饰面板

装饰材料

条纹壁纸

条纹壁纸属于纯纸壁纸，是以纸为基材，印花而成的壁纸，图案有横向条纹、竖向条纹、格子纹、波浪纹等。这种壁纸使用纯天然纸浆纤维，透气性好，并且吸水吸潮，是一种环保低碳的家装理想材料。

👍 **优点**

不同图案的条纹壁纸能为空间带来不同的装饰效果，竖条纹可以使空间显得更加高挑；横向条纹能增强空间的延伸感；波浪纹可以使空间更有律动感；格子纹更能突显空间的英伦气息。

❗ **注意**

条纹壁纸往往印有传统的图案，尽显大方和稳重，可以使居室显得更加明亮。颜色的选择应以清新典雅为主，地面和家具最好使用同一色系，家中的配饰和所用的织物避免过多的竖条图案，最好选择和壁纸统一的色系，否则一个房间内图案太多的话，会显得过于杂乱。

★ **推荐搭配**

条纹壁纸+乳胶漆+木质搁板

条纹壁纸+木质饰面板

图1

米色竖条纹壁纸的运用，使餐厅在视觉上更显高挑，搭配白棕相间的餐桌椅，更显用餐氛围的典雅。

① 条纹壁纸

② 啡金花大理石波打线

③ 中花白大理石

④ 黑金花大理石波打线

⑤ 米色网纹人造大理石

① 雕花钢化玻璃

② 米色玻化砖

③ 茶镜装饰线

④ 木纹玻化砖

⑤ 米黄色玻化砖

⑥ 有色乳胶漆

⑦ 磨砂玻璃

图1

采用雕花钢化玻璃装饰餐厅侧墙，通透又具有良好的装饰效果，缓解了深色实木家具带来的沉闷感。

图2

茶镜装饰线造型简单，与浅灰色墙饰搭配，呈现出强烈的时尚感。

图3

餐厅与玄关相连，餐边柜与玄关柜采用连体式设计，表现出很强的整体感，深色窗帘、座椅、吊灯的运用提升了空间的色彩层次。

图4

磨砂玻璃推拉门将空间有效分隔开，同时也保证了餐厅的采光不受影响。

美式卷边座椅
餐椅的卷边靠背设计，让就餐更加舒适。
参考价格: 800~1200元

① 有色乳胶漆

② 米色网纹玻化砖

③ 泰柚木饰面板

④ 装饰灰镜

⑤ 实木复合地板

⑥ 车边银镜

⑦ 木质踢脚线

图1

餐厅的面积不大,采用嵌入式餐边柜作为墙面装饰,搭配简洁的装饰画,整个氛围休闲舒适。

图2

餐厅与玄关相连,地面都选用米色网纹玻化砖进行装饰,让整个居室的整体感更强;深色餐桌椅与墙面饰面板搭配,沉稳又富有典雅的美感。

图3

餐厅总体以木色为主,少量的彩色点缀其间,材质与色彩搭配恰到好处,配上各种精致的餐具及饰品,使整个餐厅尽显雅致。

图4

镜面的运用缓解了米白色的冷硬感和单调感,使整个餐厅的视觉效果更加饱满。

装饰画
一幅色彩清雅秀丽的装饰画，让用餐空间更加温馨雅致。
参考价格：50~120元

图1

壁纸的装饰图案十分复古，选色素雅，搭配深蓝色座椅及实木餐桌，使整个餐厅的氛围素雅又不失贵气。

图2

木质横梁与实木家具的选材保持一致，充分体现了空间搭配的用心与整体感，复古的造型也为餐厅注入了一份新古典主义的典雅与大气。

图3

整个餐厅以木色为主色调，木饰面板、木地板、实木家具的选材精致考究，精心搭配的花艺则使餐厅更具有自然韵味。

图4

拱门造型的嵌入式搁板设计是餐厅的设计亮点，集收纳与装饰于一体，白色与棕色的搭配也彰显了地中海风格的复古情怀。

① 印花壁纸
② 米白色亚光玻化砖
③ 胡桃木装饰横梁
④ 仿古砖
⑤ 强化复合木地板
⑥ 仿古砖

装饰绿植
绿色植物的运用,为空间增添了
一份自然美感。
参考价格:根据季节议价

图1

木纹壁纸搭配大量的木质元素,营
造出一个自然雅致的就餐氛围。

图2

浅木色地板与餐边柜搭配得十分协
调,既提亮了空间,也让就餐环境
更加舒适。

图3

餐厅选用杏色墙漆搭配深棕色仿古
砖,让人感觉整个空间和谐舒适;
复古的描金雕花餐边柜、复古吊
灯、复古摆件等装饰其中,大大提
升了视觉饱满度。

图4

木质搁板的阶梯式造型设计,既有
良好的装饰效果,又带有一定的收
纳功能,精美复古的摆件也使餐厅
的视觉效果变得丰满起来。

① 木纹壁纸

② 皮革软包

③ 强化复合木地板

④ 黄松木板吊顶

⑤ 仿古砖

⑥ 印花壁纸

① 彩色硅藻泥
② 浅咖啡色网纹大理石波打线
③ 陶瓷锦砖拼花
④ 白枫木饰面垭口
⑤ 胡桃木饰面板
⑥ 米色网纹玻化砖

图1

餐厅选择米色作为主色调，营造出极佳的用餐氛围，深色茶镜装饰线使墙面的设计造型更加丰富。

图2

陶瓷锦砖的拼花造型十分精致，让空间效果更加丰富。

图3

金属色装饰线简洁大气，勾勒出墙面设计的层次感，与胡桃木护墙板搭配，彰显出精致的奢华感。

皮质餐椅
皮质饰面的餐椅体现出美式风格的精致与典雅。
参考价格：1000~1200元

[**实用贴士**] ## 如何搭配餐厅墙面和灯光的色调

　　餐厅墙面颜色和餐厅灯光颜色搭配往往能影响整个餐厅的氛围。在餐厅里，应该有一种美的享受，很多简单的搭配都能让餐厅充满生机。一般来说，餐厅的颜色适宜选用暖色系，如黄色、橘红色等，这些色彩会让餐厅显得温馨并能刺激人的食欲。白色餐桌椅搭配实木背景墙，显得非常雅致、大气。柔和的墙面颜色搭配橘红色的灯光，尽显温馨、浪漫。餐厅墙面颜色和灯光颜色最好与整个房屋的风格相协调。如果餐厅与客厅相连，就要考虑餐厅与客厅之间的协调性。但如果是独立餐厅，则可以选择不同于客厅的风格，凸显主人的品位和个性。

① 印花壁纸
② 灰白色网纹玻化砖
③ 黑白根大理石波打线
④ 木纹玻化砖
⑤ 泰柚木饰面板
⑥ 无缝玻化砖

图1

创意照片墙使餐厅更有家的味道，搭配精心挑选的餐桌椅、布艺窗帘、灯饰等软装元素，体现了现代欧式家居氛围的雅致与轻奢美感。

图2

浅灰色壁纸与黑白色餐桌椅的搭配恰到好处，使整个餐厅的氛围时尚又不失温馨感。

图3

木纹玻化砖铺装的地面，视觉效果极佳，使整个家居空间显得十分简洁利落。

图4

高级灰展现出沉稳大气的视觉效果；搭配米白色餐椅、餐边柜，使整个空间更加优美。

装饰花卉
黄色跳舞兰使餐厅更显温馨，给人带来一份愉悦感。
参考价格：根据季节议价

① 米色抛光墙砖

② 米色抛光地砖

③ 石膏板造型吊顶

④ 印花壁纸

⑤ 仿古砖

⑥ 木质花格

⑦ 木纹玻化砖

图1

墙面与地面的抛光砖让整个餐厅的装饰效果更加通透、明亮，餐桌与布艺窗帘的选色较深，加强了空间的稳定感。

图2

黑色实木家具让整个空间的重心下移，缓解了顶面的复杂设计所带来的压抑感。

图3

仿古砖、大理石餐桌、木质餐椅、铁艺吊灯等带有仿古意味的元素组合在一起，表现出古典美式风格的典雅与精致。

图4

壁纸、地砖、餐椅都选用米色调，让整个用餐空间尽显温馨，深色家具的点缀，让配色更有层次。

鸟笼造型吊灯
吊灯的造型别致新颖，体现了新中式风格的典雅韵味。
参考价格：1000~1600元

木质搁板

木质搁板一般可分为实木板、木夹板、装饰木板、细木工板等。

👍 优点

在餐厅的墙面设计安装木质搁板，既能起到良好的装饰效果，又有很实用的收纳功能。尤其适用于面积较小的餐厅中，它的收纳功能可以媲美餐边柜，在很大程度上释放了餐厅的使用面积。

❗ 注意

实木板使用完整的木材制成，取材比较耐用，所以一般造价高。木夹板也称为细芯板，一般由多层板胶贴黏制而成，因此规格厚度也不尽相同。装饰木板俗称面板，一般以夹材为基材，实木板刨切薄木皮，属于一种高级装饰材料。细木工板俗称大芯板，价格较便宜，当然强度、性能方面也比较差。

★ 推荐搭配

木质搁板+壁纸

木质搁板+乳胶漆

木质搁板+硅藻泥

图1

"井"字形的木质搁板造型与各色精美陶瓷摆件进行搭配，装饰效果极佳。

① 木质搁板

② 木质踢脚线

③ 有色乳胶漆

④ 米色玻化砖

⑤ 钢化玻璃

⑥ 强化复合木地板

① 车边银镜

② 仿古砖

③ 木质搁板

④ 米白色玻化砖

⑤ 米色亚光地砖

⑥ 条纹壁纸

图1

装饰镜面的运用增添了餐厅视觉上的通透感,精美的配饰表现出新古典主义的精髓。

图2

用米白色玻化砖装饰地面,简约洁净,搭配深色家具,使整个用餐空间简约又温馨。

图3

巨幅装饰画是整个餐厅中装饰的亮点,色彩淡雅,展现出一份优美典雅的艺术感觉。

图4

条纹壁纸搭配创意装饰画,让餐厅的墙面设计更具有观赏性。

简易水晶吊灯
水晶吊灯的造型简洁大方,让用餐空间更有品质。
参考价格: 1200~2000元

装饰画
装饰画的左右对称，让餐厅的平
衡感更强。
参考价格: 100~1200元

图1

深色木质格栅、木饰面板搭配米色
网纹大理石，彰显出现代中式风格
餐厅低调沉稳的美感。

图2

米色与木色搭配出的餐厅，整体氛
围温馨雅致；原木色家具更是表现
出一份自然质朴的美感。

图3

大面积的素色墙漆使整个餐厅的
氛围显得十分素雅洁净；深色实木
餐桌及黑框装饰画的运用，很好地
打破了单调感并提升了层次感。

图4

米色壁纸与白色家具丰富了空间层
次，个性的墙饰使整个餐厅空间活
泼有趣。

① 胡桃木饰面板
② 米色网纹大理石
③ 米色玻化砖
④ 有色乳胶漆
⑤ 白色板岩砖
⑥ 红松木板吊顶

典雅型卧室装饰材料

典雅型卧室的氛围总是给人一种安宁、舒适的感觉，在材料选择上也多以色彩淡雅、触感偏暖的装饰材料为主。其中以木材、壁纸、皮革、布艺等装饰材料最能体现卧室的典雅与温馨。

① 实木顶角线
② 仿木纹壁纸
③ 实木地板
④ 装饰硬包
⑤ 木质踢脚线
⑥ 混纺地毯

图1

顶面的装饰线与卧室中家具的选材保持一致，体现设计整体感的同时，也彰显了新古典主义风格居室的高贵和雅致。

图2

整个卧室以米色调为背景色，深色家具、地毯及地板的运用，形成配色上的上浅下深，视觉效果极度舒适的同时也保证了空间重心的稳定性，使整个卧室的氛围更有助于睡眠。

壁灯
壁灯的运用为卧室空间增添了一份安逸宁静的感觉。
参考价格: 200~360元

图1

银色软包具有良好的装饰效果,同时具有很强的吸声功能,与木饰面板搭配,深浅适度,使整个卧室的氛围和谐舒适。

图2

卧室主题墙的设计简约时尚,黑色木线条搭配米色软包,装饰造型简洁又富有色彩的层次感。

图3

浅棕色印花壁纸与白色护墙板搭配,丰富了空间层次,同时也展现了传统美式风格雅致的美感。

图4

卧室的整体色调十分暖心,淡米色印花壁纸打破了深色实木家具的沉重感,营造出高雅舒适的睡眠空间。

① 皮革软包
② 直纹斑马木饰面板
③ 黑胡桃木装饰线
④ 强化复合木地板
⑤ 印花壁纸
⑥ 白枫木装饰线

① 黑胡桃木饰面板

② 布艺软包

③ 印花壁纸

④ 肌理壁纸

⑤ 实木复合地板

⑥ 条纹壁纸

[实用贴士]

卧室装修如何省钱

　　装修卧室这种功能性较强的房间，看起来很难省钱。但事实上，依然能在衣柜、凸窗等局部节约一些花费。例如，利用现成的墙体做简易衣柜，既省了花销，又能保证其使用功能的实现。凸窗，即使在小户型里，仍然可以借势做成床架，或者用实木板代替传统的大理石材料进行装饰，其效果依然不凡。而在较大户型里，还可利用主卧室、主卫生间和衣帽间之间的局部搭配，省出费用，扩大利用空间。

图1

原木色为主题色的卧室空间，清新简洁，充满自然韵味。

图2

蓝色与白色的床品为卧室增添了一份清新之感，打破了大面积棕黄色给空间带来的沉闷感，让卧室的整体氛围更加舒适。

图3

卧室利用米色、浅棕色来缓解镜面带来的冷意，使得空间明亮而干净。

图4

典雅复古的木质窗棂造型搭配布艺软包，增加了卧室墙面的设计层次；花鸟主题的装饰画则丰富了空间色彩。

圆形吸顶灯
圆形吸顶灯的金色框架为卧室增添了一份奢华的意味。
参考价格：800~1000元

① 实木装饰线密排
② 强化复合木地板
③ 泰柚木饰面板
④ 装饰硬包
⑤ 车边银镜
⑥ 木质窗棂造型贴银镜

装饰材料

实木复合地板

实木复合地板可分为三层实木复合地板和多层实木复合地板,两者均是将不同材种的实木单板或拼板纵横交错叠拼组坯,用环保胶粘贴,并在高温下压制成板,因此产品稳定性佳。

👍 优点

实木复合地板表层为优质的珍贵木材,表面的优质UV涂料,提高了地板的硬度,还增强了耐磨性;芯层选用再生木材作为原材料,成本低、性能好。因此,实木复合地板兼具了强化地板的稳定性与实木地板的美观性,成为当今市面上地板的主流产品。

❗ 注意

在家居装饰中,不是所有的空间都需要高强度的木地板。客厅、餐厅等活动量较大的空间比较适合选用高强度的木地板,如巴西柚木、杉木等;而卧室、书房则可以选择强度相对低一些的品种,如水曲柳、红橡木、榉木等;老人与儿童居住的房间可以选用一些色泽柔和的木地板。

★ 推荐搭配

实木复合地板+木质踢脚线+地毯

图1

实木复合地板的选色较深,这样可以使卧室的色彩重心更加稳定,更有助于睡眠。

① 装饰茶镜

② 实木复合地板

③ 布艺软包

④ 艺术地毯

⑤ 雕花磨砂玻璃

⑥ 实木装饰立柱

图1

卧室的设计相对简约，墙壁采用淡
雅的米色墙漆，配上深色家具，温
馨而又舒适。

图2

浅色调给人带来温馨之感，白色家具
为卧室增添了一丝时尚气息，水墨装
饰画很好地调和了卧室中的色彩。

图3

软包的运用让卧室更加温暖舒适，
与地板的颜色形成呼应，体现了色
彩搭配的节奏感。

图4

白色皮革饰面的软包为卧室增添了
一份洁净的美感，打破了棕色带来
的沉闷感。

① 有色乳胶漆
② 强化复合木地板
③ 灰镜装饰线
④ 木纹壁纸
⑤ 布艺软包
⑥ 皮革软包

① 欧式花边地毯

② 胡桃木百叶

③ 竹木饰面板

④ 实木装饰线密排

图1

以米色为主色调的卧室静谧舒适,灯饰、装饰画、地毯等软装元素的合理搭配,提升了空间的整体品位。

图2

软包、木线条、壁纸装饰的卧室墙面简约而温馨,一幅黑白色调的装饰画为卧室增添了一份书香气。

图3

卧室背景墙采用竹木饰面板作为装饰,搭配木质家具、木质地板,整个空间都散发着日式风格典雅、自然的美感。

图4

实木装饰线装饰的卧室背景墙,造型丰富,极富装饰感,装饰画、小家具、灯饰等软装元素的搭配,使整个空间都散发着简约又精致的美感。

方形台灯
台灯的样式仿造中式宫灯,体现了主人的品位。
参考价格: 200~360元

① 布艺软包

② 实木地板

③ 装饰硬包

④ 印花壁纸

⑤ 混纺地毯

图1

整个卧室以暗暖色为主色调，营造出一个沉稳安逸的睡眠空间，白色、蓝色床品的搭配使空间更显温馨。

图2

卧室墙面采用米色墙漆进行装饰，与木地板形成深浅对比，后期软装的加入使整个空间更显温馨。

图3

软包的装饰图案简约大气，颜色典雅温馨，使整个睡眠空间的氛围更加宁静安逸；电视墙面的浅灰色硬包则为空间注入一丝时尚感。

图4

浅米色印花壁纸装饰的卧室墙面，温馨雅致，搭配深棕色木质家具，表现出传统中式风格的低奢格调。

地毯
传统中式纹样的混纺地毯为空间增添了一份暖意与美感。
参考价格：200~500元

吊灯
环形铁艺吊灯的色调十分柔和，
营造出舒适、安逸的睡眠空间。
参考价格: 800~1500元

① 印花壁纸
② 强化复合木地板
③ 装饰硬包
④ 黑胡桃木装饰线
⑤ 艺术地毯

[实用贴士] **如何选择卧室中的床**

　　床与床垫是保证睡眠的重点，所以选张好床是十分必要的。床架主要有金属和木制两种，现在有很多采用布艺外包，让床的触感更舒适，而且不会在上下床时磕碰到身体，起到很好的保护作用。床板主要有排骨架和木板两种，带有符合人体工程学的排骨架是目前大多数人认为比较好的床架，能根据人体的曲线起到不同的支撑。床垫主要分弹簧床垫和乳胶床垫，里面的填充物各有不同。乳胶床垫的弹力好，天然乳胶透气功能强。弹簧床垫种类很多，现在流行的独立弹簧床垫，在翻动时不会影响到同床人的睡眠。床不能过高或过矮，褥面距离地面最好是 46~50cm，过高则上下床不方便，太矮则易在睡眠时吸入地面灰尘，不利于健康。

① 装饰硬包
② 羊毛地毯
③ 有色乳胶漆
④ 印花壁纸
⑤ 实木地板
⑥ 水曲柳饰面板
⑦ 肌理壁纸

图1

金属色的硬包极富装饰感，为卧室空间增添了一份奢华感。

图2

浅棕色营造出一个相对沉稳安逸的睡眠空间，搭配白色家具，层次分明，使整个卧室的色彩更加和谐。

图3

实木地板的色调沉稳大气，白色、米色相搭配，展现出现代美式风格简洁大气的配色基调。

图4

米白色与木色所营造的氛围极具舒适性，与后期软装元素的搭配，营造出富有禅意的视觉效果。

地毯
地毯的花纹逼真美观，增添了卧室的情趣。
参考价格：500~800元

① 布艺软包

② 强化复合木地板

③ 仿古壁纸

④ 混纺地毯

⑤ 实木地板

⑥ 装饰灰镜

图1

布艺软包的表面纹理十分富有装饰感，与木饰面板搭配，颜色深浅适度，温暖舒适。

图2

卧室墙面的软包、壁纸等材质都采用对称式设计，表现出现代中式风格规整、简洁的美感。

图3

卧室中材料的质感极富表现力，顶面、墙面、地面的设计造型简洁，配色简洁，整个卧室显得明快优雅。

图4

卧室墙面采用山水画作为装饰，具有浓郁的中式情怀，使整个卧室充满复古之感。

布艺床品
布艺床品的色调柔和，让睡眠更加舒适。
参考价格: 300~800元

硅藻泥

硅藻泥是以硅藻土为主要原材料的装饰材料，选用无机颜料调色，色彩柔和，不易褪色，是一种同时具备装饰性与功能性的装饰材料。

👍 **优点**

硅藻泥的肌理图案和色彩十分丰富，装饰效果非常好。卧室中采用环保的硅藻泥装饰，不仅可以调节室内湿度、吸附有毒物质、净化空气、保温隔热、防火阻燃、遮蔽放射线，并且不易沾染灰尘。

❗ **注意**

在选购硅藻泥时，要仔细查看硅藻泥样板，现场进行吸水率测试。若吸水又快又多，则说明产品孔质完好；若吸水率低，则表明孔隙堵塞，或是硅藻土含量低。此外，还可以对样品进行点火示范，若有冒出气味呛鼻的白烟，则可能是以合成树脂作为硅藻土的固化剂，这样的硅藻泥如遇火灾，容易产生毒性气体。

⭐ **推荐搭配**

硅藻泥+木质格栅

硅藻泥+装饰画+木质踢脚线

图1

环保的米色硅藻泥与原木色格栅装饰的卧室背景墙，造型简洁，表达出一种朴素而美好的意境。

① 实木格栅

② 彩色硅藻泥

③ 肌理壁纸

④ 艺术地毯

⑤ 车边银镜

⑥ 布艺软包

布艺软包
软包的色彩清秀淡雅,是整个卧室的装饰亮点,同时还具有很好的吸声功能。
参考价格:1000~2400元

图1

软包与木质格栅装饰的卧室背景墙,设计造型丰富,配色舒适,塑造了整个卧室的典雅格调。

图2

装饰线与护墙板选材统一,展现出古典主义风格的精细,壁纸的色调与窗帘形成互补,让色彩的表现更加饱满有张力。

图3

卧室背景墙选用蓝色壁布作为装饰,图案与色彩搭配恰到好处,打造出一个静谧、安宁的睡眠环境。

图4

以棕黄色为基调的卧室极富古典韵味,沉稳大气又不失典雅。

① 木质格栅贴银镜

② 布艺软包

③ 实木顶角线

④ 实木地板

⑤ 装饰壁布

⑥ 胡桃木饰面板

软包
软包的布艺图案古朴雅致,让卧室更具美感。
参考价格: 300~600元

图1

花鸟图案的布艺软包将古典味道彰显得淋漓尽致,床品、灯饰、家具等软装元素的搭配衬托出传统中式风格简约而不失雅致的美感。

图2

墙面的壁纸、软包、木质线条等元素组合在一起,展现出典雅温馨的视觉效果,白色衣柜和软包床营造出唯美纯真的卧室氛围。

图3

柔软的米色软包搭配原木色木饰面板,优雅而高贵,白色床品及电视柜为卧室增添了洁净的美感。

图4

顶面与墙面的设计搭配十分巧妙,通过简约的线条体现了丰富的层次,加强了整个卧室的视觉效果。

① 布艺软包
② 强化复合木地板
③ 白枫木装饰线
④ 皮革软包
⑤ 胡桃木饰面板

圆形吸顶灯
吸顶灯的万字格装饰体现了中式
传统文化的韵味。
参考价格: 800~1600元

图1

卧室的设计与装饰相对简洁，墙壁
采用温馨的印花壁纸，搭配棕色实
木家具，温馨又舒适；地面地板采
用人字形拼贴方式铺装，将自然气
息带入室内。

图2

软包与装饰线的色彩形成鲜明的对
比，使背景墙的设计简洁、大气；仿
古造型的软包床及实木家具搭配在
一起，尽显古典风格的精致与舒适。

图3

卧室的选材与设计十分讲究，木窗
棂搭配软包装饰的背景墙，设计层
次丰富；床品及配饰的精心搭配展
现出中式传统文化的底蕴。

图4

蓝色墙漆搭配白色装饰线，勾勒出
一个安宁、舒适的睡眠空间。

① 印花壁纸

② 布艺软包

③ 木质窗棂造型

④ 有色乳胶漆

① 白枫木百叶
② 胡桃木饰面板
③ 白枫木装饰线
④ 艺术地毯
⑤ 胡桃木装饰线
⑥ 实木地板

图1

软包与壁纸装饰的墙面整洁干净，家具、灯饰、布艺饰品相搭配，彰显出空间的品质。

图2

米色印花壁纸为卧室营造出一份温馨舒适的氛围，深色木质元素的运用，大大提升了色彩层次。

图3

素色墙漆搭配白色石膏线，简洁大方，搭配极富质感的地毯、抱枕、窗榻、灯饰等软装饰品，温馨格调油然而生。

图4

卧室背景墙在水墨画的装饰下，展现出中式文化的韵味，是整个卧室装饰中的点睛之笔。

① 胡桃木饰面板
② 皮革软包
③ 实木地板
④ 白枫木装饰线
⑤ 长毛地毯
⑥ 印花壁纸

图1

米色与棕色搭配的卧室, 尽显沉稳与大气, 软包、壁纸、木饰面板、长毛地毯等材质的结合与运用, 给空间增添了无限暖意。

图2

卧室背景墙的凹凸造型设计十分有立体感, 壁纸搭配木饰面板, 选材简单, 却质感十足, 打造出一个舒适、温馨的睡眠空间。

图3

米色与白色为主色调的空间内, 深色木地板与窗帘的运用, 提升了整个空间的色彩层次, 让整个卧室空间的氛围更加和谐、舒适。

长毛地毯
地毯柔软的触感为空间增添了一份不可或缺的暖意。
参考价格: 800~1200元

[实用贴士] **卧室中窗帘的选择**

　　卧室讲求私密性。如果卧室窗户与别家的窗口正好相对, 则要求卧室的窗帘厚重、温馨和安全, 保证卧室的私密性。一般小房间的窗帘最好选用比较简洁的式样, 防止因窗帘的繁杂而显得空间更为窄小。对于大居室, 适宜采用比较大方、气派、精致的窗帘式样。至于窗帘的宽度尺寸, 一般以两侧比窗户各宽出 10cm 左右为宜, 而其长度应视窗帘式样而定, 不过短式窗帘也应该长于窗台底线 20cm 左右, 落地窗帘一般应距地面 2~3cm。

1

弯腿床头柜
床头柜的弯腿设计搭配描金雕花
处理，体现了欧式风格家具的典
雅与贵气。
参考价格：800~1000元

图1

深色的软包为卧室增添了一份现代
的时尚感，白色复古家具的搭配，
打造出一个充满品位的浪漫居室。

图2

花鸟图案装饰的背景墙，为卧室增
添了一份富贵与典雅的美感；软包
与木质元素的组合搭配，使整个卧
室展现出富丽而不张扬的中式美。

2

图3

简洁的线条结合带有传统中式风格
的装饰画、灯饰、家具，勾勒出一份
典雅温馨的居室格调。

图4

卧室背景墙的色彩层次分明，米
色、白色、棕色的搭配让整个卧室
的设计更加和谐。

① 布艺软包
② 强化复合木地板
③ 手绘墙画
④ 艺术地毯
⑤ 混纺地毯
⑥ 密度板拓缝

3

4

① 泰柚木饰面板

② 有色乳胶漆

③ 皮革软包

④ 装饰银镜

⑤ 雕花银镜

⑥ 装饰壁布

图1

棕色调的护墙板与壁纸相搭配，打造出一个沉稳、安逸的睡眠空间；造型别致新颖的吊灯，为卧室空间注入不可多得的时尚感。

图2

卧室的设计选择弃繁从简，米色墙柔素雅温馨；浅灰色家具及地板简洁又不失时尚感。

图3

卧室背景墙的软包很有质感，与镜面、护墙板、壁纸相搭配，让墙面的设计十分有层次感。

图4

壁布与镜面的雕花图案都具有复古情怀；整个卧室空间的选材繁复，却搭配有序，呈现出饱满的视觉效果。

装饰材料

实木装饰线

　　装饰线在顶面的装饰中是必不可少的材料。家装中常用的装饰线有榉木、柚木、松木、椴木、杨木等材质。实木装饰线可以有效地缓解视觉上的落差感。

👍 优点

　　家居空间中，无论是简装还是精装，为了避免墙面与顶面之间的衔接过于直白，可以选用装饰线来做装饰。可以根据顶面的造型及墙面的材质来选择不同木种的装饰线。此外，还可以根据居室风格选择直线型、圆角造型、反式圆角造型或雕花造型等不同造型的装饰线。

❗ 注意

　　实木装饰线的宽度有多种尺寸，选择时要参考室内面积来定宽窄。面积大的空间搭配宽一些的装饰线比较协调，样式可以以雕花或带有丰富纹路的线条为主；面积较小的空间，则建议选择窄一些的线条进行装饰，样式则是越简单越好。

★ 推荐搭配

　　实木装饰线+木质饰面板+格栅吊顶

　　实木装饰线+壁纸+木质窗棂造型

图1

深色木饰面板与米色印花壁纸搭配，演绎出新古典主义的贵气。

① 胡桃木装饰横梁

② 实木装饰线

③ 印花壁纸

④ 车边灰镜

⑤ 条纹壁纸

布艺床品
纯棉布艺床品柔软舒适, 更有助
于睡眠。
参考价格: 400~800元

图1

肌理壁纸与木质装饰线造型简洁,
却十分有质感, 使整个卧室的氛围
十分温馨。

图2

大量的仿古木质窗棂给卧室带来了
浓郁的仿古气息, 装饰画的点缀运
用则为卧室增添了一份书香气。

图3

小面积的黑色提升了整个卧室配色
的层次, 打破了大面积棕色带来的
沉闷感。

图4

卧室的设计布局简单, 以黄色和白
色为主色调, 强调了卧室舒适、自
在的设计理念。

① 肌理壁纸
② 红樱桃木装饰线
③ 木质窗棂造型
④ 实木地板
⑤ 装饰硬包
⑥ 印花壁纸

墙饰
墙饰的造型别致，线条优美，为
卧室空间增添了一份情趣。
参考价格：120~200元

图1

硬包与壁纸的色彩搭配十分暖心，
营造出高雅舒适的休息氛围。

图2

卧室以浅咖啡色为基调，整体造型
简单，深色实木家具使整个空间既
大气厚重，又温馨雅致。

图3

卧室没有复杂的设计，选用质朴的木
饰面板作为装饰，与米色墙漆进行
搭配，营造出舒适干净的睡眠空间。

图4

卧室以白色、米色和蓝色为主，赋
予空间优雅清新的气质。

① 装饰硬包
② 不锈钢条
③ 肌理壁纸
④ 胡桃木饰面板
⑤ 混纺地毯
⑥ 布艺软包
⑦ 实木地板